中学入試

カードで鍛える

図形の必勝手筋

動く図形・立体図形編

JN271867

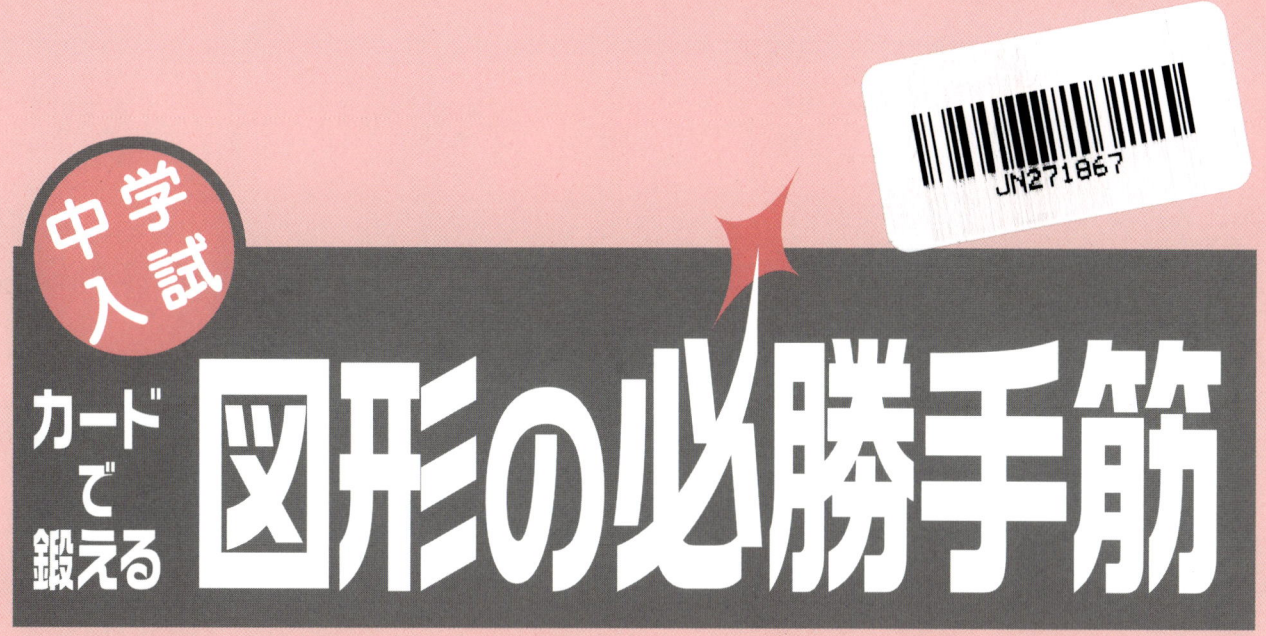

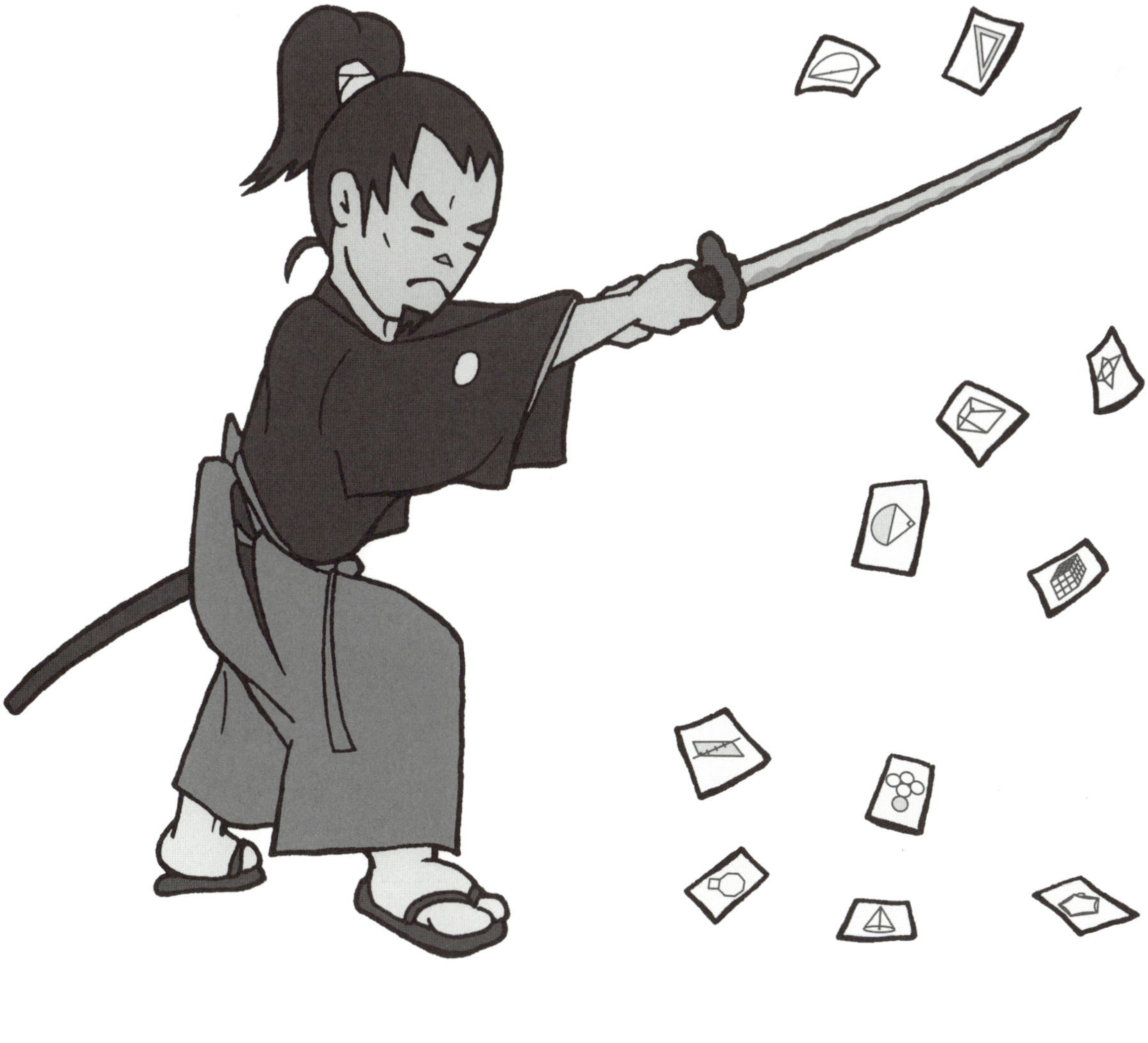

はじめに

本書では，図形問題のうち，動く図形・空間図形について扱います．平面図形については，姉妹書「カードで鍛える　図形の必勝手筋　平面図形編」をご覧ください．2冊合わせて，中学入試に出題される図形問題の全分野をカバーすることができます．

中学入試で，図形の問題を限られた時間内に解くためには，どのような力が必要でしょうか．それは，図形のパターン認識力です．パターン認識力とは，問題の構図を見た瞬間に，ああ，これはあのパターンと同じ問題だな，と頭の中で問題が分類でき，パターンごとの解法が想起できる力のことです．試験場では，あれやこれやと補助線を引きながら問題を解くために十分な時間を与えられてはいません．構図を見ただけで，瞬間的に手筋が思い浮かび，解答の流れが思い浮かぶようになっていることが必要だと考えます．

では，そのためには，どのような学習法，トレーニングを積み重ねたらよいのでしょうか．

その答えの1つが，この本が提案する学習法です．

この本では，"手筋"と称して問題を解くときの44個の基本パターンを提示しました．これだけでも他の参考書にはない，相当に価値のある内容になっています．図形の問題をただ漫然と並べて解説した参考書は数多くあっても，図形の問題を解くために必要な手筋を突き詰め，それを整然と開示した参考書は，この本以外にないからです（今のところ）．みなさんには，この手筋編を使って，まずは図形の問題を解くときの手筋を理解してもらいます．これによって，基本的な構図の問題がしっかり解けるようになります．

そしてさらに，その手筋の運用力を実戦で使えるレベルにまで高めてもらうために，訓練用の学習カードを用意しました．このカードに書かれている問題を繰り返し解くことで，複雑な構図の問題でも見ただけで解法が思い浮かぶようになるのです．

本の形でなく，カードの形にしたのには訳があります．紙に書いて解くことだけが，算数の学習法ではないのです．図形の問題では，問題の構図を見て，反射的に手筋・解答を思い浮かべるというトレーニングが有効です．短い時間で大量の問題を解くことで，図形の問題を解くときの直観力・反射神経を養うことができるようになるのです．この反射神経を養うには，カードを1枚1枚めくっていくリズムがぴったりだと考えるからです．

学習の目標は，ランダムに並べた学習カードを1枚めくる度に，問題の解答が電光石火のごとく頭の中にひらめくことです．この目標を達成すれば，たとえ未知の構図であっても手筋の運用法を思い付くようになります．

いかがでしょう．画期的な学習法を提示した本だと思われませんか．

この学習法を用いることで，図形の問題を得意分野にし，みごと中学受験の栄冠を勝ち取っていただきたいと思います．

中学入試 カードで鍛える 図形の必勝手筋
動く図形・立体図形 編

目次

- はじめに……… 3
- 本書の利用法……… 6

手筋編

- 45 図形の平行移動……… 10
- 46 図形の回転移動……… 11
- 47 向きを保ちながら接して移動……… 12
- 48 棒が動く……… 13
- 49 直線図形が滑らず回転して動く……… 14
- 50 円が動く……… 15
  - センターラインの公式……… 16
- 51 円が何回自転するか……… 17
- 52 反射……… 20
- 53 円が図形を含みながら動く……… 22
- 54 おうぎ形が動く……… 23
- 55 2つの図形が直線上を動く……… 24
- 56 頂点決め……… 25
- 57 サイコロを転がす……… 26
- 58 立方体の積み木を投影図から復元……… 27
- 59 柱を切る……… 28
- 60 直方体から切り出す……… 29
- 61 断頭三角柱……… 30
- 62 展開図……… 31
- 63 投影図……… 32
- 64 2:1:1の三角すい……… 33
- 65 埋め込み……… 34
- 66 回転体……… 35
- 67 円すい……… 36
- 68 立方体を1回切る……… 37
  - 立方体の切り口の種類……… 39
- 69 立体を切る……… 40
- 70 三角すいを切る……… 41
- 71 四角すいを切る……… 43
- 72 立体を2回切る……… 44
- 73 立体の共通部分……… 45
- 74 直線が通る立方体の個数……… 46
- 75 立体をくり抜く……… 47
- 76 立体をくり抜く(スライス)……… 48
- 77 平面が切る立方体の個数……… 49
- 78 積んだ立方体を切る……… 50
- 79 水の深さ……… 51
- 80 立体を回転する……… 52
- 81 立体の面上の最短距離……… 53
- 82 立体の頂点,辺,面の数……… 54
- 83 平面で考える影……… 55
- 84 平行光線による影……… 56
- 85 相似拡大……… 57
- 86 点光源による影……… 58
- 87 影が動く……… 59
- 88 立体の等積変形……… 60

- 補　遺……… 61
- あとがき……… 63

本書の利用法

　最初に手筋編（p.10〜p.60）を，問題を解きながら読みましょう．答えがあっている場合は，解答は読まなくても構いません．ただ，答えがあっている場合でも，ヒント欄（ ヒントの印があるところ）はしっかりと読んでください．あなたが用いた解法と異なる解法が紹介されていることが間々あるでしょう．

手筋編のページレイアウト

　図形の問題には本筋の解答の他に別解がある場合が多いのです．特に構図が複雑になってくると，解答が1通りということは，まずありません．また，たとえ簡単な構図の場合でも，今まであなたが知ってきたような解法で解いているとは限りません．
　ここで紹介している解法は，筋のよい解法ばかりです．「筋がよい」というのは，本質的でより応用範囲が広いということです．あなたが今まで学んできた解法も，あなたが使い慣れてきたという意味では素晴らしい解法ですが，ここで書かれた筋を身につけ，実戦で使えるようになることは，あなたの図形問題を解く力を大きく飛躍させることになるでしょう．
　ヒント欄には，

手筋が成り立つ理由，
手筋がどういう構図のときに使えるのか，
手筋を使うコツ

などが書かれています．例題以外の問題において手筋を十分に使いこなすためには，ヒント欄をしっかり読み込むことが大切です．
　全部で44の手筋が紹介されています．中には難し目の例題もあります。問題が解けない場合は答えが出るまで粘らず，下にある解答を見てかまいません．ヒントを読んだ上で，どのような手筋がどこで使われているのかを意識しながら，解答を読んでみましょう．

　ひととおり手筋編の問題に当たり，おおよそ手筋を理解したところで，次にカード編の学習に進みます．巻末にあるカードのページを本から切り離してカードを作ります．
　ここで，カードに書かれている記号について説明しましょう．

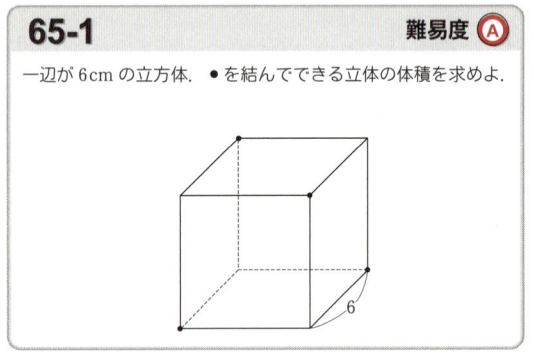

　カードの左上に書かれている記号，上の図では「65−1」になっていますね．「65−1」の65は，65番目の手筋「埋め込み」を用いる問題であることを示しています．「65−1」の1は，65の手筋を使う問題に対してつけた通し番号です．
　ですから，左上の記号を読むと，カードに書かれた問題が，45から88までのどの筋を用いて解くことができるのかが分かる仕組みになっています．
　カードの裏面には解答が書かれています．が，スペースが小さいため，手筋の理解を前提にした簡潔な解答しか書かれていません．手筋に慣れて

いないうちは，解答が読めない事態に陥るかもしれません．そんなときは，左上に書かれている記号をたよりに手筋を割り出し，手筋編の該当ページを復習してください．

カードの右上に書かれている記号（上の図ではB）は，問題の難易度を表しています．問題の難易度は，Aから順に難しくなっていきます．言葉に直すと，

A　基本問題
B　標準問題
C　応用問題
D　ハイレベルな問題

となります．

A，Bが書かれた問題は，手筋がそのまま使われている問題です．手筋を理解するための問題と言ってもよいでしょう．実際，手筋編で挙げた例題と数値だけが異なっているような問題も含まれています．

一方，C，Dが書かれた問題の難易度は，難関校の入試問題レベルになっています．このくらいの難易度の問題になると，用いる手筋が1つだけとはかぎりません．複数の手筋を組み合わさなければ解けないような問題も含まれます．左上に書かれた手筋はあくまでも主な手筋のひとつです．この手筋だけでは解けない場合もありますから，左上に書かれている記号にとらわれることなく，問題の構図を眺めていくことが必要です．

A，Bが基本的な型の稽古であるとすれば，C，Dは乱取り稽古だと言ってもよいでしょう

カードを切り離す前，問題は手筋順に並べられています．一度は手筋順に問題を解いてみることをお薦めします．バラバラにしてしまったカードを並べ直すのが面倒だという人は，初めのうちは，カードのページを本から切り離さずに問題を解いてみるのも一案です．

また，手筋の理解を確認するためにA，Bの問題だけを選んで解いてみるのもよいでしょう．もちろん，自信がある人は，C，Dの問題まで挑戦してみて構いません．

ひとくちに「問題を解く」と書きましたが，この場合の「問題を解く」とは，ペンを持って紙に式を書いて計算し，答えの値までしっかり出すということを意味しています．

手筋を理解するために，問題を手筋ごとに解くことを2,3回くり返しましょう．手筋をしっかり身に付けることができます．

くり返さなければならない回数は学習する人により異なります．問題を見たときに手筋がすぐに思い浮かぶようになることが1つの目安です．もう，この段階まで来ると，ペンをもって解答を紙に書かなくてもかまいません．頭の中に手筋が思い浮かび，解答の流れを頭の中に思い浮かべることができるようになればよいのです．

じっくり問題を解いていると，多くの問題をこなすことができません．解答を紙に書くことはせず，短い時間で大量の問題を頭の中で解くという学習法は，図形に対する直観力を養う秘策の1つであると考えます．カードを小気味よくめくっていくペースに頭の回転が付いていけるようになれば，しめたものです．

しかし，こうして手筋がすぐ思い浮かぶようになっても，問題が順番に並べられているから，手筋をうまく思いついているだけなのかもしれません．実際の入試では，問題を解くための手筋が予め与えられていることはありません．問題を解く手筋は自分で見つけなければならないのです．手筋を自分で見つけられる力を養うためにも，手筋順に並べられたカードをシャッフルし，順序を崩して問題を解くことをお薦めします．ランダムに出てくるカードに対して，次々とそれを解く手筋を思い起こして行く．これほど図形的直観力が養われる方法はありません．ここが，この本がカードにこだわった理由の1つです．

この本のカード学習の最終目標は，

　　ランダムに並べたカードを見て，
　　反射的に手筋と解答の流れが
　　頭の中に明確に思い浮かぶ

ようになることです．

カード教材のメリットは他にもあります．持ち歩きに便利なところです．カードの問題を見て，手筋と解答の流れを思い浮かべる訓練の段階になれば，机がなくても勉強ができます．塾の行き帰りでの電車の中，試験直前の待ち時間など，時と場所を選ばず学習することができます．受験生のみなさんは忙しい日々を送られていることと思いますが，ちょっとした合間の時間でも学習をすることが可能です．

ぜひとも，このカードを利用し尽くして，図形の問題を得意分野にしていただきたいと考えます．

問題文・図の読み方

　カード学習は，短時間で多くの問題にあたることが眼目の1つになっています．そのために，一瞬にして題意が分かるような，さまざまな工夫が施されています．

　本来であれば問題文に書くべきことであっても，図の中の記号で表現して済ます場合があります．また，問題文を短く表現するために表記上の約束事を設けてあります．慣れていって，問題把握のスピードを付けていって下さい．

① 　問題文，図の中の数字に単位がつけてありません．
　　　　長さを表す単位は **cm**，面積を表す単位は **cm²**，体積を表す単位は **cm³**
　　です．補って読んでください．
　　　図の中に単位があると，脳が構図を捉えるときの雑音となります．それだけ構図の印象が弱くなってしまうのです．それを避けるために単位は付けてありません．

② 　2本の直線が**直角**に交わるとき，
　　2本の直線が**平行**であるとき，
　　はそれぞれ，右のように表します．

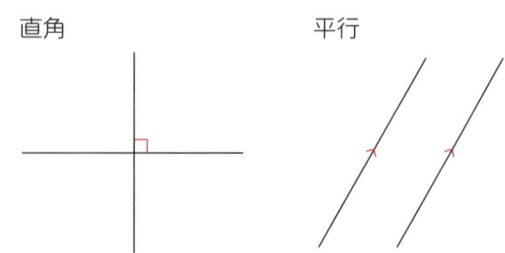

直角　　　　　平行

③ 　三角形 ABC は，△ABC，四角形 ABCD は，□ABCD
　　と表記します．

④ 　辺の長さの比は，
　　　②：③，2:3，△：△
　　など，数字を同じ囲み方をして表します．

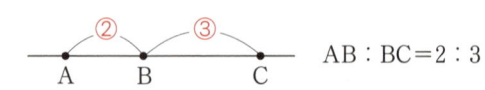

AB：BC＝2：3

⑤ 　**円周率**はすべて **3.14** で計算してください．問題文には書かれていません．

 手筋編

45. 図形の平行移動

中心角 30°のおうぎ形 OAB が直線 XY にそって 10cm だけ滑って移動する．このとき，おうぎ形 OAB の通過した部分の面積を求めよ．

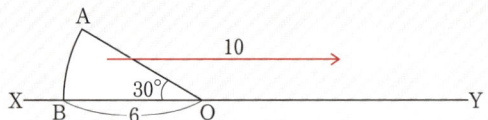

🔧 ヒント

図形を平行移動するとき，通過部分の面積は，
(幅)×(通過距離) ＋ (動かす図形の面積)
　　アカ網部　　　　　　斜線部

となります．図2のように，直線図形でない場合でも（幅）×（通過距離）でアカ網部の面積を計算することができます．

このことは，図3のようにアカ網部の図形を切り貼りして，平行四辺形にすることで分かります．

💡 解答

図4の30°定規の形に着目して，幅は，
$6 \div 2 = 3$ (cm)

したがって，通過した部分の面積は，
$$3 \times 10 + 6 \times 6 \times 3.14 \times \frac{30°}{360°} = \mathbf{39.42} \, (\mathbf{cm^2})$$
　図5の　　　動かす図形の面積
アカ網部

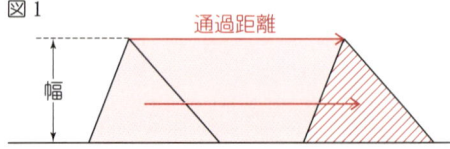

図1

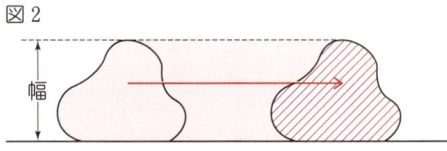

図2

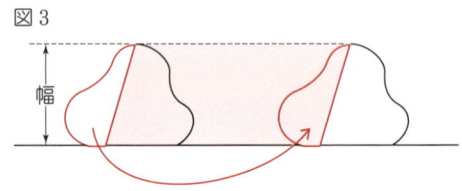

図3

図4

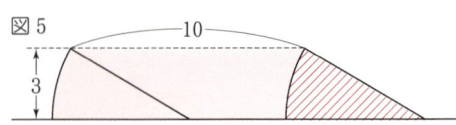

図5

46. 図形の回転移動

Aを中心に半円（中心O，半径5cm）と三角形ABCを組み合わせた図形を90°回転させるとき，半円が通過する部分の面積を求めよ．ただし，円周率を3として計算しなさい．

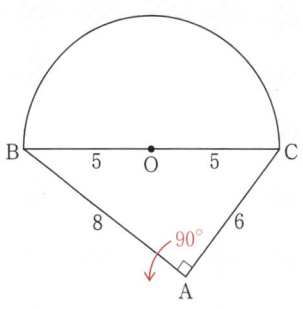

 ヒント

図1で，DEの通過部分の面積を求めるには，
　（アカ網部）＝（大きいおうぎ形OEE′）
　　　　　　　－（小さいおうぎ形ODD′）
と計算します．

これは図2のようにアカ網部を切り貼りすることでわかります．

図3のように，図形が回転移動するとき，通過部分を求めるには，回転の中心から一番近い点（F）と遠い点（G）に着目します．図形の通過部分の面積は，中心とこれらを結ぶ半径で作られるおうぎ形の面積の差（アカ網部）ともとの図形の面積（斜線部）を足したものになります．

なお，点Oと直線上の点Pとの距離が最小になるのは，図4のようにOを通り直線と垂直な直線との交点HにPが重なるときです．

図1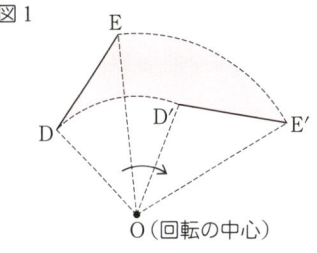

図2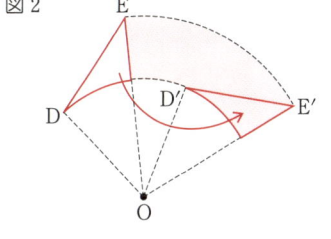

図3 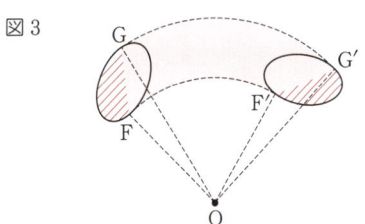　図4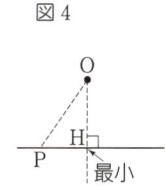

💡 解答

Aから一番遠い点は，AOの延長線と円弧の交点であるD．Aから一番近い点は，Aを通りBCに垂直な直線とBCとの交点H．

角BACが直角なので，AはOを中心として半径5cmの円の周上にある．

よって，AD＝AO＋OD＝5＋5＝10（cm）
三角形の面積を2通りに表して，
10×AH÷2＝8×6÷2
これより，AH＝4.8（cm）
求める面積は，

$$\underbrace{10\times10\times3\times\frac{90°}{360°}-4.8\times4.8\times3\times\frac{90°}{360°}}_{\text{アカ網部}}$$

$$\underbrace{+5\times5\times3\div2}_{\text{斜線部}}$$

＝31.74×3＝**95.22（cm²）**

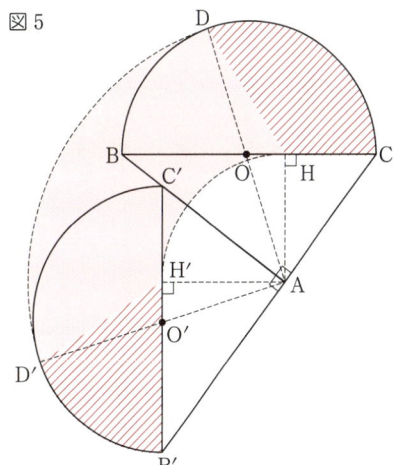

図5

47. 向きを保ちながら接して移動

半径1cmの円の周りを1辺が2cmの正三角形が円にぴったりくっついたまま向きを変えずに1周する。頂点Aの動いた距離を求めよ。

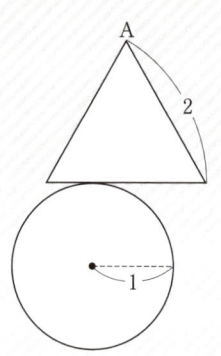

ヒント

滑り方は，図1のように辺で接しながら直線運動する場合と，図2のように頂点で接しながら円運動する場合があります。図1の場合は，接している円上の点は固定しています。接点と中心を結んだ半径と接している辺は垂直です。辺の長さの分だけ（この問題では2cm）直線運動します。図2の場合は，円に接している三角形の頂点が円に沿って移動するので，正三角形の他の点も円弧（この問題では半径1cm）を描きます。

図1と図2の境目は，図3のように，半径と接している辺が垂直で，かつ辺の端で円に接するときです。ここに正三角形の頂点が来たときを境に，正三角形の辺で接するときと頂点で接するときが入れ替わります。つまり，直線運動と円運動が入れ替わります。

答えは，動かす図形の周長と円周を足したものになります。

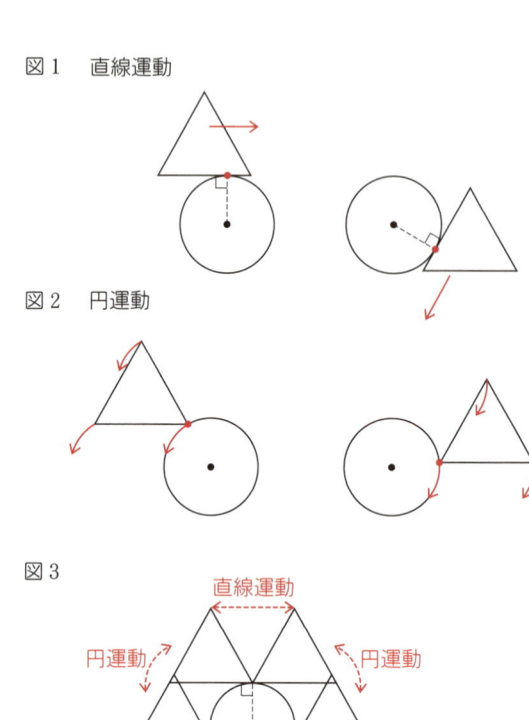

解答

図4のアカ線の3つある曲線部のうちの1つずつは，アカ破線に等しく，これは半径1，中心角は120°である。全部で120°×3＝360°。よって，アカ線部の長さは，円周1個分と直線部分の和になる。

$$2 \times 3 + 1 \times 2 \times 3.14 = \text{12.28 (cm)}$$

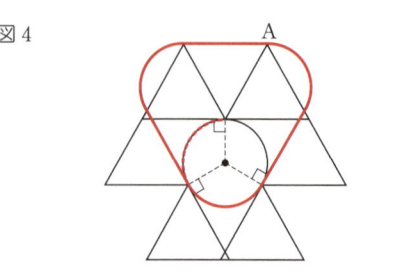

48. 棒が動く

図のように平面上に3本の棒 AB，BC，CD があり，それぞれ B，C でつながっていて，A は固定されている．AB＝8cm，BC＝4cm，CD＝2cm．AB は A を中心にして，直線 AP に対して反時計回り，時計回りに 45°回転，同様に BC は B を中心にして AB に対して 45°ずつ回転，CD は C を中心にして BC に対して 45°ずつ回転することができる．3本が自由に動くとき，棒の通過する部分の面積を求めよ．

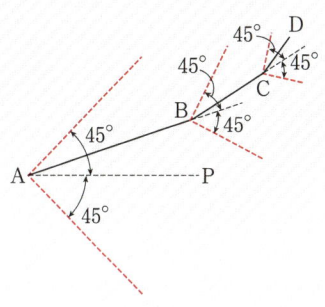

 ヒント

棒の一端が固定されているとき，棒の動く範囲はおうぎ形になります．棒がつながっているときは，それぞれが動くおうぎ形を組み合わせます．

B が動く範囲，C が動く範囲，D が動く範囲と順に求めていきます．棒を同じ回転方向に曲げたところが棒が動く範囲の限界です．

解答

図1のアカ網部は AB が動く範囲．B が図1のアカ線の円弧を動くので，BC が動く範囲は，図2のアカ網部になる．さらに，C が図2のアカ線部を動くので，AB，BC，CD が動く範囲は図3のアカ網部になる．

棒が動く範囲の面積は，

$$\underbrace{(8+4+2)\times(8+4+2)\times 3.14\times\frac{90°}{360°}}_{ア}$$

$$\underbrace{+(4+2)\times(4+2)\times 3.14\times\frac{45°+45°}{360°}}_{イ}$$

$$\underbrace{+2\times 2\times 3.14\times\frac{45°+45°}{360°}}_{ウ}$$

$$=(14\times 14+6\times 6+2\times 2)\times 3.14\div 4$$

$$=185.26\,(\text{cm}^2)$$

図1

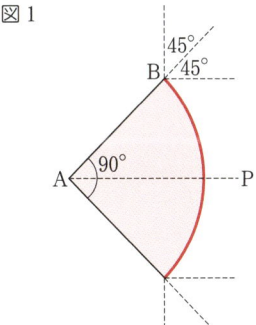

図2

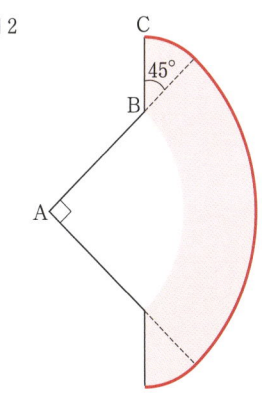

図3

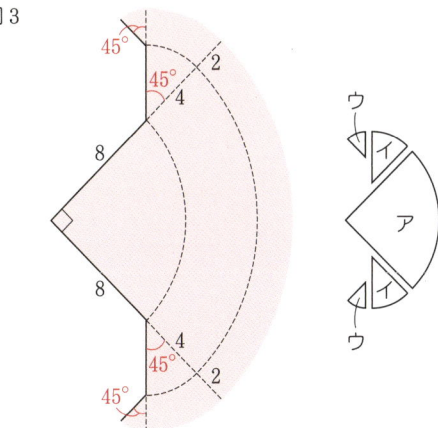

49. 直線図形が滑らず回転して動く

（1） 1辺が6cmの正三角形の周りを，図1の位置から1辺が3cmの正三角形が滑らず回転して1周する．このとき，正三角形の頂点Aが動く長さを求めよ．

（2） 図2のように，直線XY上を，たて3cm，よこ5cmの長方形がアの位置からイの位置まで滑らずに転がる．このとき，長方形の頂点Aが動く曲線と直線XYで囲まれる部分の面積を求めよ．

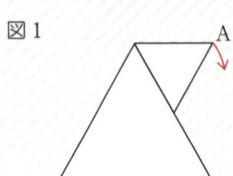

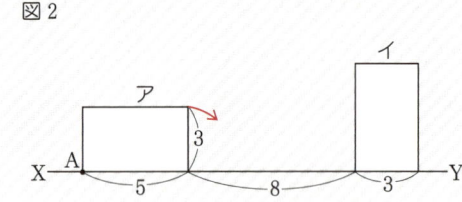

ヒント

直線図形が滑らず回転して動くときは，おうぎ形が基本になります．おうぎ形の中心となる点と回転角をしっかり捉えましょう．はじめに図形が止まる位置を書き込んで，そこにおうぎ形を書き込んでいくのがコツです．

解答

（1） Aは半径3の円弧を動き，中心角の合計は，$120°+120°+240°+240°=720°$

Aの動く長さは
$3 \times 2 \times 3.14 \times \dfrac{720°}{360°} =$ **37.68（cm）**

（2） エの4分円の半径を r(cm) とする．図3より，r を1辺とする正方形の面積は，
$$(3+5) \times (3+5) - 3 \times 5 \div 2 \times 4 = 34 (\text{cm}^2)$$
したがって，$r \times r = 34 (\text{cm}^2)$

通過部分の面積は，
$$\underbrace{5 \times 5 \times 3.14 \times \dfrac{90°}{360°}}_{ウ} + \underbrace{r \times r \times 3.14 \times \dfrac{90°}{360°}}_{エ}$$
$$+ \underbrace{3 \times 3 \times 3.14 \times \dfrac{90°}{360°}}_{オ} + \underbrace{5 \times 3 \div 2 \times 2}_{カ+キ}$$
$= (25+34+9) \times 3.14 \times \dfrac{1}{4} + 15 = 17 \times 3.14 + 15$
$=$ **68.38（cm²）**

（1）図1

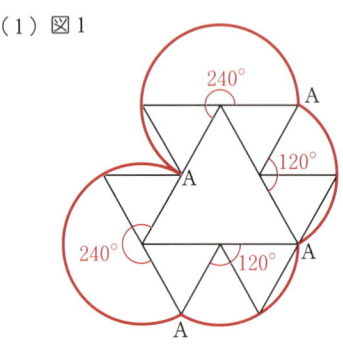

（2）図2

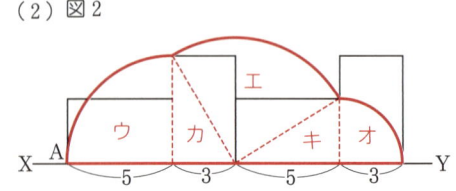

図3

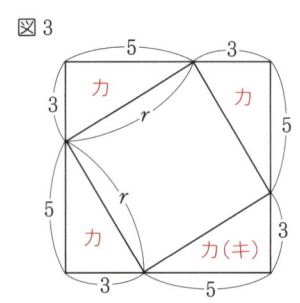

50. 円が動く

図のような半径 3cm, 中心角 240° のおうぎ形 1 つと, 正三角形 2 つを組み合わせた図形の周りを直径 3cm の円が 1 周する.

このとき, 円が通過した部分の面積を求めよ.

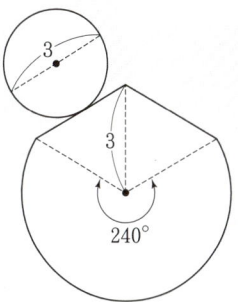

💡ヒント

円（半径 a）が動くときは, 4 つの場合があります.

（ア）直線に接して動くとき（図 1）
動く領域は幅 $a \times 2$ の平行線の間になります.

（イ）円弧（半径 b）に接して動くとき（図 2）
円弧の外側を動くときは, 半径 $b + a \times 2$ のおうぎ形から半径 b のおうぎ形を取り除いた部分
円弧の内側を動くときは, 半径 b のおうぎ形から半径 $b - a \times 2$ のおうぎ形を取り除いた部分になります.

（ウ）点（A とする）に接して動くとき（図 3）
半径 $a \times 2$ のおうぎ形になります. 回転角は, A を通り直線に垂直な直線や A と円弧の中心を結んだ直線がなす角になります.

なお, 便法としてセンターラインの公式（次頁）も使えます.

図 1
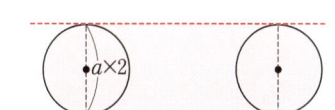

図 2
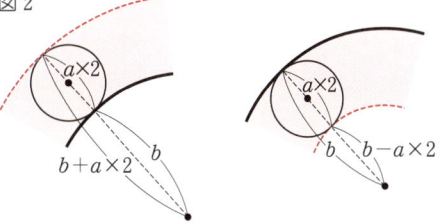

図 3
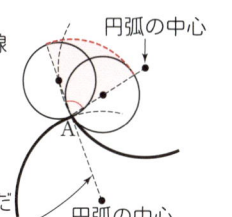

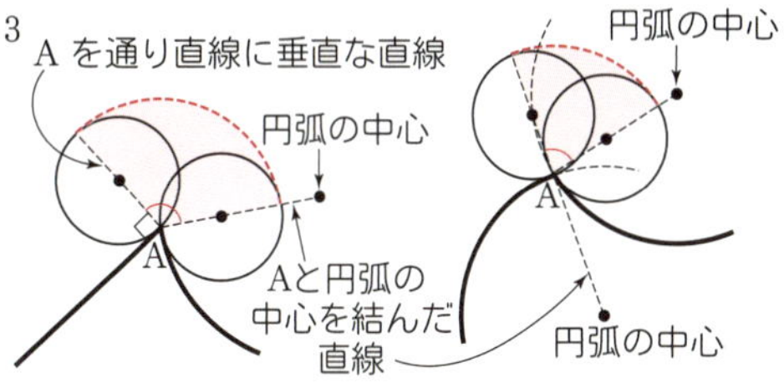

💡解答

ア, イのおうぎ形の中心角は, それぞれ,
ア $= 360° - 90° \times 2 - 60° \times 2 = 60°$
イ $= 180° - 90° - 60° = 30°$
円が通過した部分の面積は,

$$3 \times 3 \times 3.14 \times \frac{60°}{360°} + 3 \times 3 \times 3.14 \times \frac{30°}{360°} \times 2$$
　　　　ア　　　　　　　　　　イ
$$+ 3 \times 3 \times 2 + (6 \times 6 - 3 \times 3) \times 3.14 \times \frac{240°}{360°}$$
　　ウ　　　　　　　エ
$= (1.5 + 1.5 + 18) \times 3.14 + 18$
$= \mathbf{83.94 (cm^2)}$

図 4
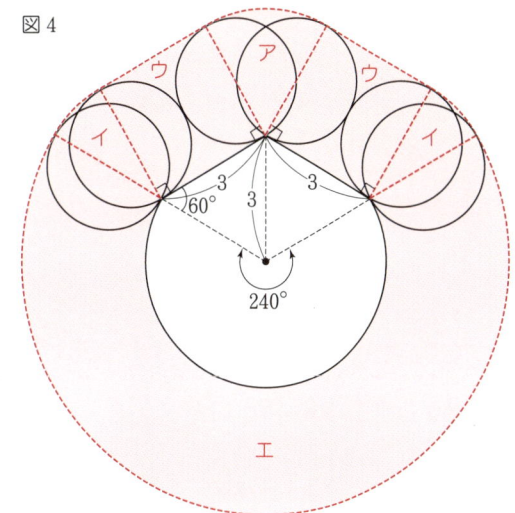

センターラインの公式

図5から図8のどの図の場合でも，

> （アカ網部の面積）
> ＝（円の中心が動いた距離）×（動く円の直径）
> **アカ線部の長さ**

が成り立っています．これをセンターラインの公式と呼ぶことがあります．

[確かめ]

図5のアカ網部は，長方形の面積なので式が成り立ちます．図6で，太線の円弧の半径をR，動く円の半径をrとすると，

（アカ網部の面積）
$= \{(R+r \times 2) \times (R+r \times 2) - R \times R\} \times 3.14$
$= \{R \times (R+r \times 2) + r \times 2 \times (R+r \times 2)$
$\qquad - R \times R\} \times 3.14$
$= (R \times R + R \times r \times 2 + r \times 2 \times R$
$\qquad + r \times r \times 4 - R \times R) \times 3.14$
$= (R \times r \times 4 + r \times r \times 4) \times 3.14$

一方，（アカ線の長さ）$=(R+r) \times 2 \times 3.14$ に直径の$r \times 2$をかけると，

$(R+r) \times 2 \times 3.14 \times r \times 2$
$\quad = (R \times r \times 4 + r \times r \times 4) \times 3.14$

となり，センターラインの公式が確かめられます．図7でも，同様です．図8でも，

（アカ網部の面積）$= r \times 2 \times r \times 2 \times 3.14$
（アカ線の長さ）×（直径）
$\quad = (r \times 2 \times 3.14) \times (r \times 2) = r \times 2 \times r \times 2 \times 3.14$

で成り立っています．　　　　　[確かめ終わり]

図9での円が通るベルト型の部分は，図5から図8の場合，またその一部を組み合わせたものになっていますから，問題の図でも，

（アカ網部の面積）＝（アカ線の長さ）×（直径）

が成り立ちます．この公式を用いて問題を解いてみます．図9のアカ線の長さは，

$$\underbrace{1.5 \times 2 \times 3.14 \times \frac{60°}{360°}}_{\text{ア}} + \underbrace{1.5 \times 2 \times 3.14 \times \frac{30°}{360°} \times 2}_{\text{イ}}$$

$$+ \underbrace{3 \times 2}_{\text{ウ}} + \underbrace{(3+1.5) \times 2 \times 3.14 \times \frac{240°}{360°}}_{\text{エ}}$$

$= (0.5+0.5+6) \times 3.14 + 6 = 7 \times 3.14 + 6$

（アカ網部の面積）＝（アカ線の長さ）×（直径）
$\qquad = (7 \times 3.14 + 6) \times 3 = \mathbf{83.94 (cm^2)}$

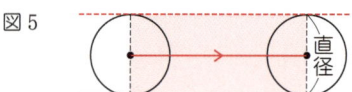

図5

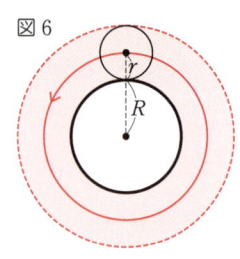

図6

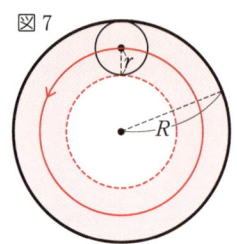

図7

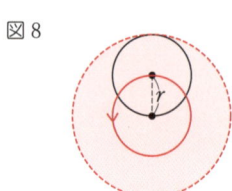

図8

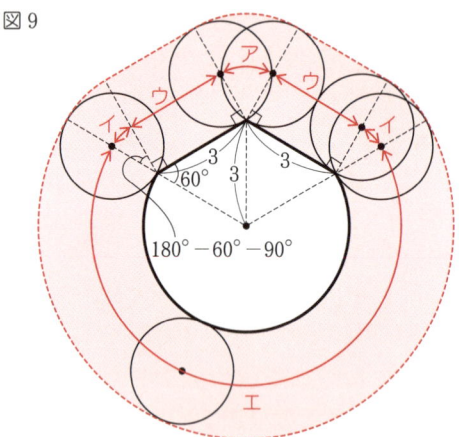

図9

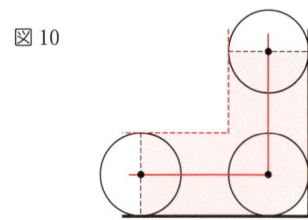

図10

⚠ 注

図10のように中心が通る線に角ができるときは，センターラインの公式が使えません．ですから，長方形の内側を円が動くときは，この公式は使えません．注意しましょう．

51. 円が何回自転するか

半径1cmの円Cが（1）〜（4）の図形を滑らずに1周するとき，円Cは何回自転するか．

（1）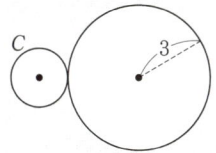

（2）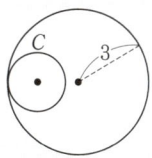

（3）

C以外の円は固定されている．半径は1

（4）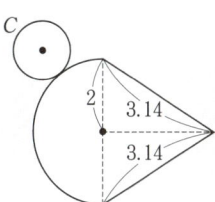

🔧ヒント

円が何回自転するかを考えるときは，次の（ア）〜（エ）の4つの場合のどれに当てはまるかを考えましょう．円の半径をaとします．どの場合でも，

> （自転数）＝（中心の進行距離）÷（円周）

で円の自転数を求めることができます．

（ア） 直線に接して動くとき（図1）

アカ実線とアカ破線の長さが等しいので，1回転すると円周分（$a \times 2 \times 3.14$）だけ進みます．

よって，自転数は，

　　　（中心の進行距離）÷（円周）

で求めることができます

図1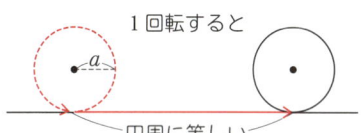

（イ） 円弧の外側を動くとき（図2）

半径bの円Dの外側を半径aの円Cが左回りに公転するときのことを考えます．

［おおざっぱな解説］

円Cが円Dに接する点をAに固定したまま1周するとき，Cは左回りに1回自転します（図3）．

実際は，円Dと滑らずに回転することによる回転が加わります．加わる自転数（左回り）は，図4のようにDの円周と同じ長さの直線を滑らずに回転すると考えて，

　　　（円Dの円周）÷（円Cの円周）

$$= \frac{b \times 2 \times 3.14}{a \times 2 \times 3.14} = \frac{b}{a} \text{（回転）}$$

と求めることができます．

図2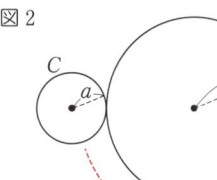

図3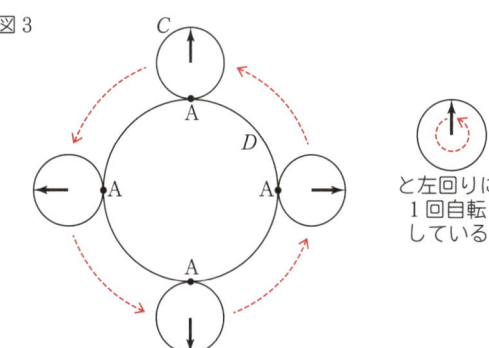

図4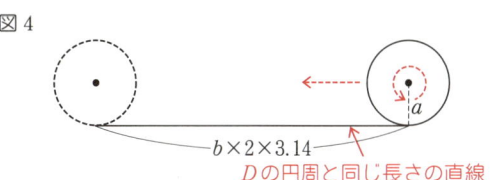

ですから，円 C は左回りに，
$$\frac{b}{a}+1 \quad \cdots\cdots\cdots\cdots\cdots\cdots ①$$
だけ自転することが分かります．

　円 C が円 D の周りを1周するとき，中心は $(b+a)\times 2\times 3.14$ だけ進みますから（図5），アカ枠の公式で計算すると，
$$\frac{(b+a)\times 2\times 3.14}{a\times 2\times 3.14}=\frac{b+a}{a}=\frac{b}{a}+\frac{a}{a}=\frac{b}{a}+1$$
となり，①と一致します．この場合に公式が成り立っていることがわかります．

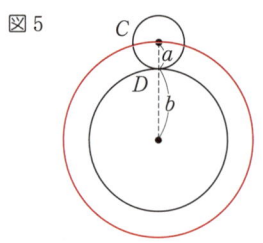
図5

（ウ）　円弧の内側を動くとき（図6）

　円弧の内側を動くとき半径 b の円 D の内側を半径 a の円 C が左回りに公転するときのことを考えます．

［おおざっぱな解説］

　円 C の円 D に接する点を A に固定したままで1周するとき，C は左回りに1回自転します．

　滑らずに回転することにより加わる回転は，図8のように円周を直線にして考えると，今度は直線の下側を進むことになり，円 C は右回りに自転します．回転数は，外側の場合と同じように計算して $\frac{b}{a}$（回転）です．

　ですから，円 C は右回りに，
$$\frac{b}{a}-1 \quad \cdots\cdots\cdots\cdots\cdots\cdots ②$$
だけ自転することが分かります．

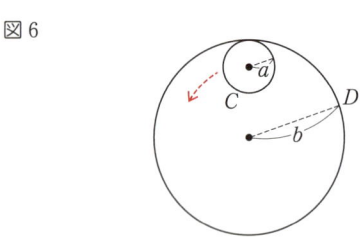
図6

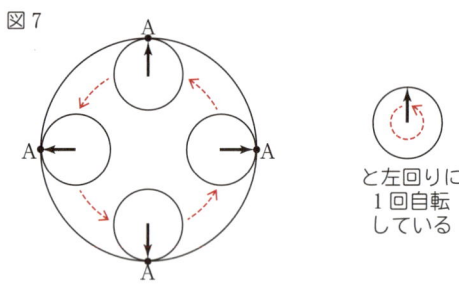
図7

　円 C が円 D の周りを1周するとき，中心は $(b-a)\times 2\times 3.14$ だけ進みますから（図9），アカ枠の公式で計算すると，
$$\frac{(b-a)\times 2\times 3.14}{a\times 2\times 3.14}=\frac{b-a}{a}=\frac{b}{a}-\frac{a}{a}=\frac{b}{a}-1$$
となり，②と一致します．この場合にも公式が成り立っていることが分かります．

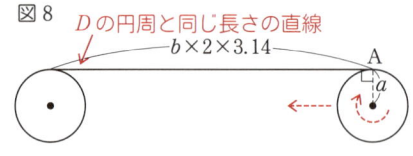
図8

（エ）　点の回りを動くとき

　円 C の固定された1点 A が点 B に接しながら，円 C が点の周りを1周すると，円 C は1回転したことになります（図10）．

　中心の進行距離は $a\times 2\times 3.14$ ですから，公式で計算すると，
$$\frac{a\times 2\times 3.14}{a\times 2\times 3.14}=1$$
となり，この場合でも公式が成り立ちます．

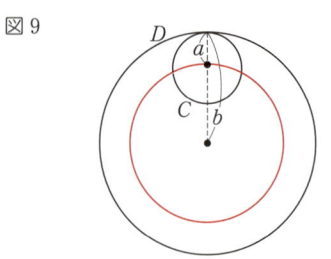
図9

　（ア）～（エ）のどの場合でも公式が成り立つことが確かめられました．

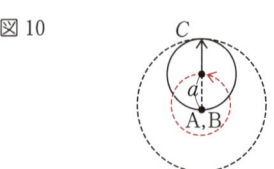
図10

解答

(1) $\dfrac{3}{1}+1=$ **4(回転)**

(2) $\dfrac{3}{1}-1=$ **2(回転)**

(3) （中心の進行距離）$=2\times2\times3.14\times\dfrac{180°\times3°}{360°}$

（円周）$=1\times2\times3.14$ なので，回転数は
（中心の進行距離）÷（円周）
$=2\times2\times3.14\times\dfrac{180°\times3°}{360°}\div(1\times2\times3.14)$
$=2\times\dfrac{3}{2}=$ **3(回転)**

(4) ア＋イ＋ウ＝180°になることに注意して，
（中心の進行距離）
$=3\times2\times3.14\times\dfrac{180°}{360°}+1\times2\times3.14\times\dfrac{180°}{360°}$
$\qquad+3.14\times2$

（円周）$=1\times2\times3.14$

（中心の進行距離）÷（円周）
$=(3\times3.14+1\times3.14+2\times3.14)\div(2\times3.14)$
$=(3+1+2)\div2=$ **3(回転)**

 注

ア，イ，ウの角を捉えるには，50.の(ウ)の図3で示した「点に接して動くときの回転角を求める要領」が使えます．頂点を通り直線に垂直な直線や，頂点と円弧の中心を結んでできる直線がなす角になります．

(1)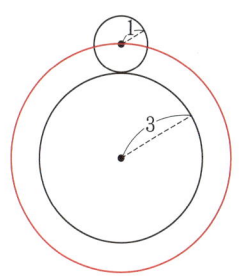

(2)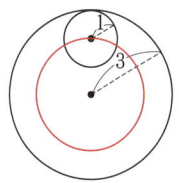

(3)

(4)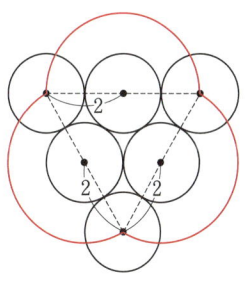

52. 反射

(1) 内側が鏡でできている長方形 ABCD がある．図 1 のように，A から P の方向へ発射した光は何回反射して，どこの頂点に到達するか．

(2) 内側が鏡でできている長方形 ABCD がある．図 2 のように，A から P の方向へ発射した光は反射して D に達する．このとき，ア：イを求めよ．

(3) 内側が鏡でできている正三角形 ABC がある．図 3 のように，A から P の方向へ発射した光は反射して C に達する．このとき，BP：PC を求めよ．

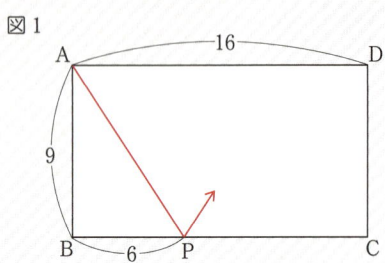

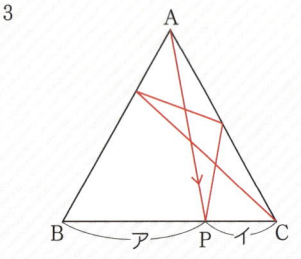

💡ヒント

図 1 のように，長方形のヨコの長さを a，BP=b とすると，A から発射した光が長方形のどこかの頂点に到達するまでのヨコ方向の移動分（右方向の進み分＋左方向の進み分）は a と b の最小公倍数となります．

また，図 2 のように，反射面で対称移動を繰り返すことで，反射光を直線で捉え直すことができます．長方形や正三角形の場合，同じ大きさの長方形や正三角形を用いて平面を埋めつくすことができ（図 3），反射の問題として出題されます．

💡解答

(1) ヨコ方向に 6 進むごとに光は交互に辺 BC，辺 AD に到達する．また，ヨコ方向に 16 進むごとに光は交互に辺 DC，辺 AB に到達する．

6 と 16 の最小公倍数が 48 なので，ヨコ方向に 48 進むと光は頂点に達する．48 進んだとき，

48÷16＝3 で奇数なので，光は辺 DC に
48÷6＝8 で偶数なので，光は辺 AD に
到達する．

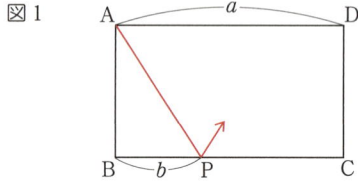

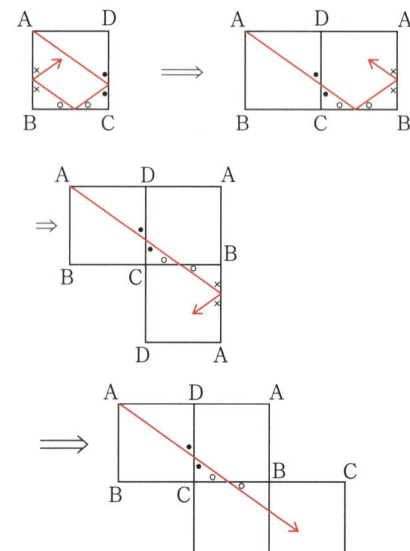

光は長方形のタテ（AB，DC）に 3−1＝2（回）反射し，ヨコ（AD，BC）に 8−1＝7（回）反射する．

よって，光は 2＋7＝**9（回）**反射して，頂点 **D** に到達して止まる．

（2） 光は長方形のタテ（AB，DC）に 2 回反射し，ヨコ（AD，BC）に 7 回反射し，頂点に至っている．よって，ヨコに 2 回，タテに 7 回だけ長方形を折り返すと，光線の進路は図 5 のように直線を表す．

図 5 で，ア：ウ＝1：8 であり，ウはヨコの長さの 3 倍なので，ウを 3 と 8 の最小公倍数㉔とおく．

$$ア＝㉔×\frac{1}{8}＝③\quad ヨコの長さは，㉔÷3＝⑧$$

$$ア：イ＝③：(⑧−③)＝\mathbf{3：5}$$

（3） 光の進路が直線で表されるように正三角形を折り返すと，図 6 のようになる．アカ網部の三角形の相似を用いて，

$$ア：イ＝\mathbf{2：1}$$

図 6
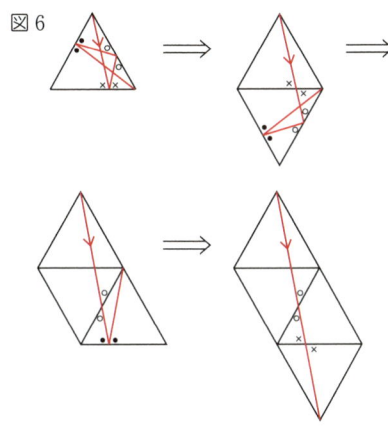

図 7
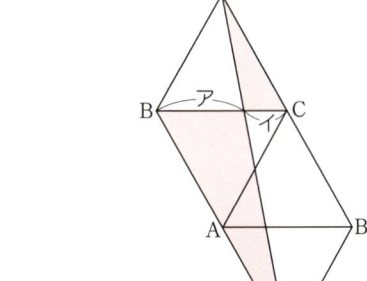

図 3
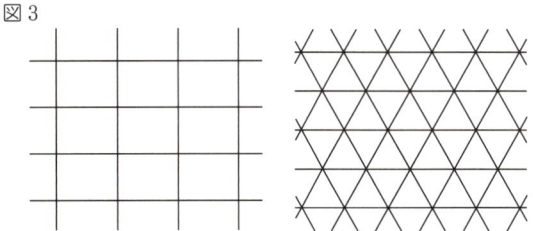

図 4
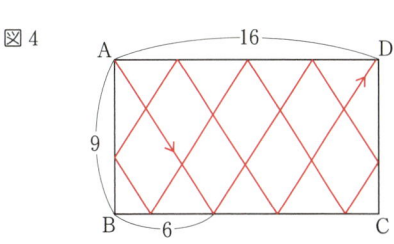

図 5
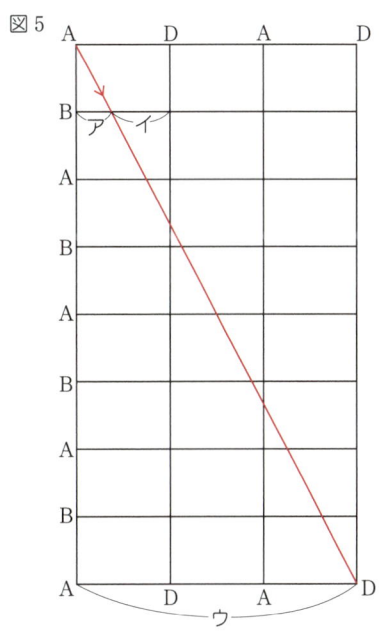

53. 円が図形を含みながら動く

1辺が3cmの正三角形が固定されている．正三角形を含むように半径3cmの円を動かすとき，円周が動ける範囲の面積を求めよ．

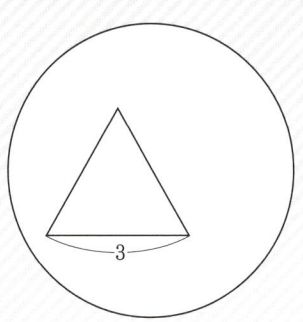

ヒント

円や正三角形などが，図形を含んで動いたり，図形と共有点を持ちながら動くときを考える問題では，動く図形が固定された図形に引っかかって動くときのことを考えましょう．

解答

円周が動ける範囲は図3のアカ網部のようになる．

図4のようにアとイを合わせると，半径が6，中心角の60°のおうぎ形になる．

動ける範囲の面積は，
(ア＋イ)×3
$= 6 \times 6 \times 3.14 \times \dfrac{60°}{360°} \times 3$
$= 18 \times 3.14 =$ **56.52(cm²)**

図1

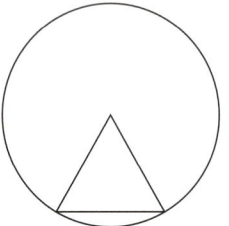

図2

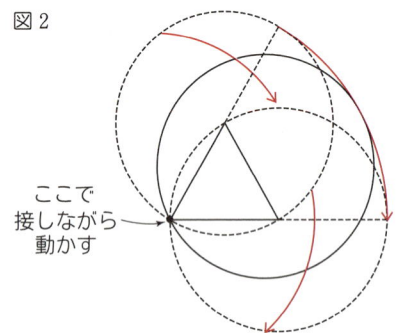

ここで接しながら動かす

図3

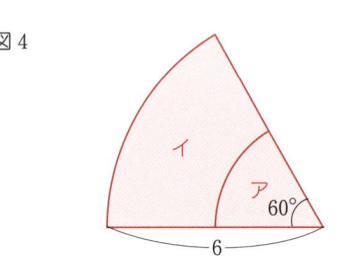

図4

54. おうぎ形が動く

1辺4cm，中心角が90度のおうぎ形を滑らずに転がす．（1）では直線 l をアからイの位置まで，（2）では固定された同じ形のおうぎ形の周りを1周するとき，おうぎ形の頂点Pが動く距離をそれぞれ求めよ．

（1）
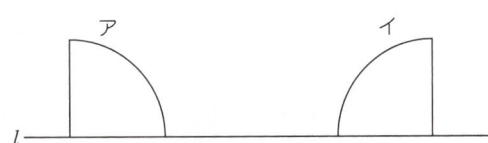

（2）
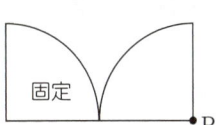

🔧 ヒント

おうぎ形を動かす問題のときは，おうぎ形が円の一部であることを意識しましょう．

おうぎ形の円弧が直線に接して動く場合は，図1のようにおうぎ形の頂点は直線 l と平行な直線を描きます．頂点が進む距離はおうぎ形の円弧の長さに等しくなります．

また．おうぎ形の円弧が固定された円弧に接して動くときは，図2のようにおうぎ形の頂点はOを中心とした円弧（アカ線）を描きます．頂点が進む距離はこの円弧の長さを求めます

図1
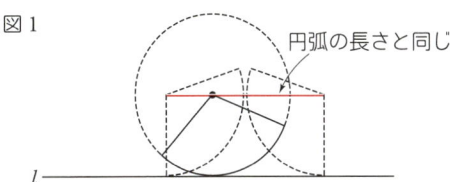

図2
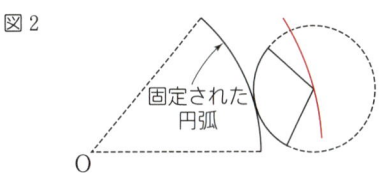

💡 解答

(1) $\underbrace{4 \times 2 \times 3.14 \times \dfrac{90°}{360°} \times 2}_{\text{円弧部}}$

$ + \underbrace{4 \times 2 \times 3.14 \times \dfrac{90°}{360°}}_{\text{直線部}}$

$= (4+2) \times 3.14 = \mathbf{18.84 (cm)}$

(2) $\underbrace{8 \times 2 \times 3.14 \times \dfrac{90°}{360°}}_{\text{4分の1円}}$

$ + \underbrace{4 \times 2 \times 3.14 \times \dfrac{180°}{360°} \times 2}_{\text{半円2コ}}$

$= (4+8) \times 3.14 = \mathbf{37.68 (cm)}$

図3
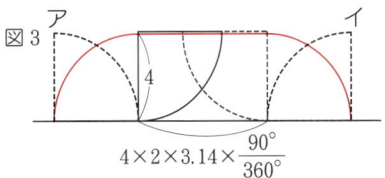

図4
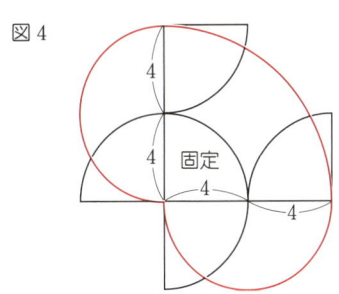

55. 2つの図形が直線上を動く

長方形 ABCD は動かず，三角形 PQR は l に沿って左に毎秒 1cm で進む．図の位置から動き始めて，三角形 PQR と長方形 ABCD の重なりの部分が長方形 ABCD の面積の半分になるのは，何秒後と何秒後か．

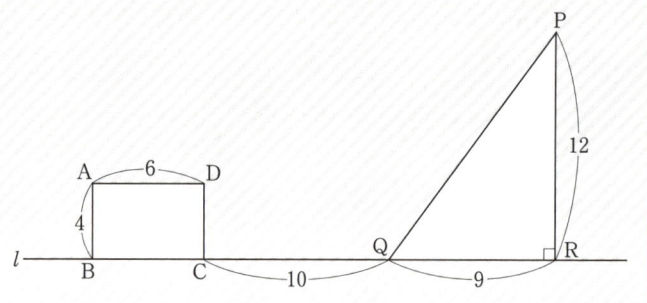

🔧 ヒント

一方の図形が直線上に固定され，一方の図形が直線上を動くとき，重なりの部分の面積を考えるときに，次の考え方をよく用います．

図1のように，長方形を面積が等しい2つの部分に分ける直線は対角線の交点を通ります．また，図2のように台形を面積が等しい2つの部分に分ける直線は上底と下底のそれぞれの中点（真ん中の点）を結んだ直線の中点を通ります．

これが成り立つことは，2つに分けられた台形の上底＋下底を計算すれば分かります．

図1
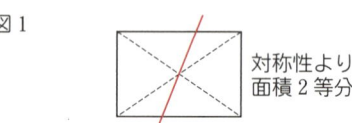
対称性より面積2等分

図2
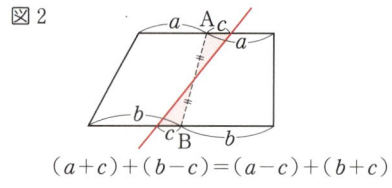
$(a+c)+(b-c)=(a-c)+(b+c)$

💡 解答

図3で，ア＝2なので，アカ網の三角形と太線の三角形の相似により，
　　$2 : イ = 12 : 9$ より　$イ = 2 \times 9 \div 12 = 1.5$
図3は，Q の動いた距離を考えて，
　　$10+3+1.5 = $ **14.5（秒後）**
図4で，ウの長さは，相似により，
　　$ウ : 8 = 9 : 12$ より　$ウ = 8 \times 9 \div 12 = 6$(cm)
この長さは長方形 ABCD のヨコの長さの半分より大きいので，このような図を描くことができる．
図4は，R の動いた距離から，
　　$9+10+3 = $ **22（秒後）**

図3
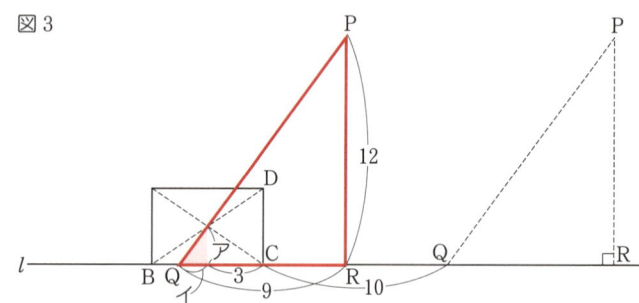

図4
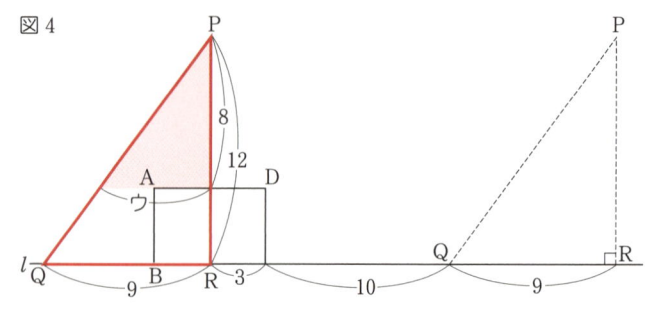

56. 頂点決め

次の立方体と正八面体の展開図に頂点の記号を書き込みなさい．

（1）

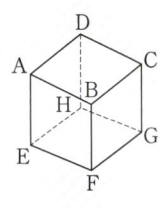 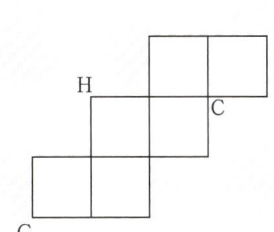

（2）

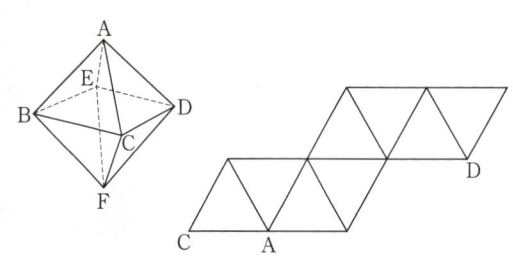

 ヒント

立方体の場合

展開図のうちで，正方形2個がつながった長方形の向かい合う2つの頂点は，立方体で向かい合う頂点になります．

正八面体の場合

展開図のうちで，正三角形2個がつながった平行四辺形の向かい合う2つの頂点は，正八面体で向かい合う頂点になります．

（例）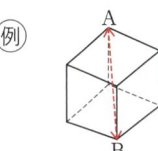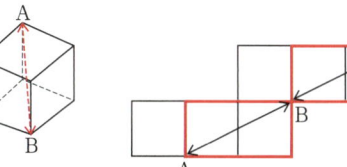

（例）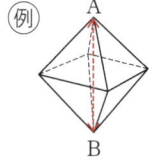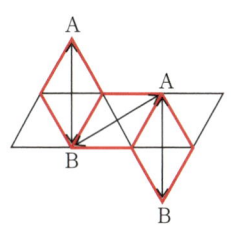

解答

（1） アはGの向かいの頂点で，ア＝A．
イはCの向かいの頂点で，イ＝E．
ウはHの向かいの頂点で，ウ＝B．
エは，A，B，Eの頂点がある面なので，残りの頂点はFで，エ＝F．
以下，ヒントの事項を用いると，解答のようになる．

（2） アはCの向かいの頂点で，ア＝E．
イはDの向かいの頂点でイ＝B．
ウはAの向かいの頂点でウ＝F．
以下，ヒントの事項を用いると，解答のようになる．

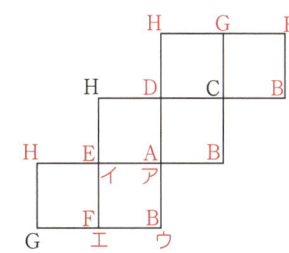

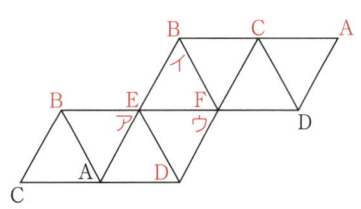

57. サイコロを転がす

アの位置に置かれたサイコロを矢印の向きにイの位置まで転がす．イに来たときの接している面を答えよ．ただし，立方体のサイコロの向かい合う面に書かれた数の和は7である．

(1)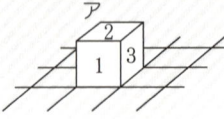

(2)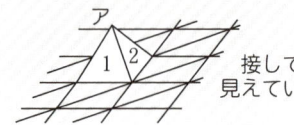
接している面は3
見えていない側面は4

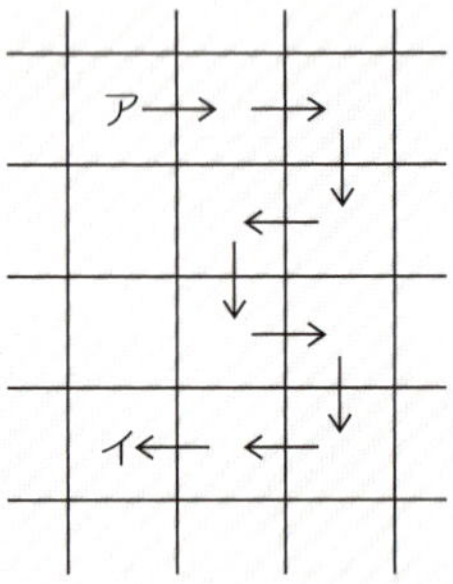

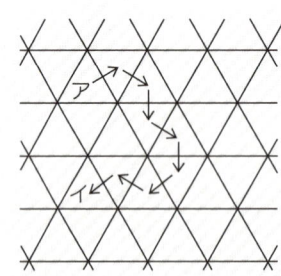

ヒント

立方体の場合は，上に見えている面と4つの側面の5つの面を書きこんでいくのが基本です．
正四面体の場合は，側面の見えている3つの面を書き込んでいきます．

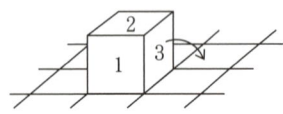 

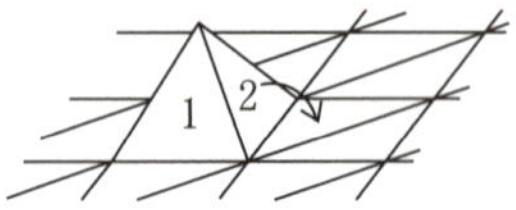

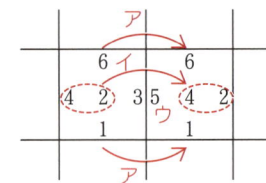
書き込む手順
ア 同じ数字を書き込む
イ 2数をずらす
ウ 2と向かいの面なので5

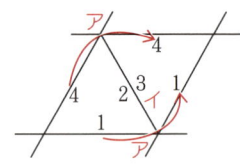
書き込む手順
ア 同じ数字を書き込む
イ 4, 2, 1でない数字 3を書き込む

解答

(1)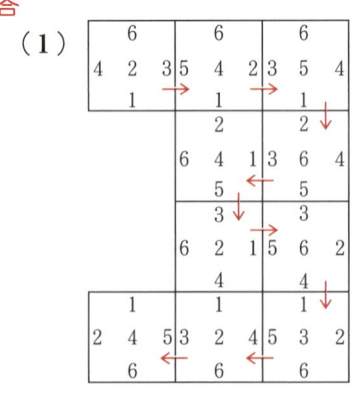
答えは 3

(2)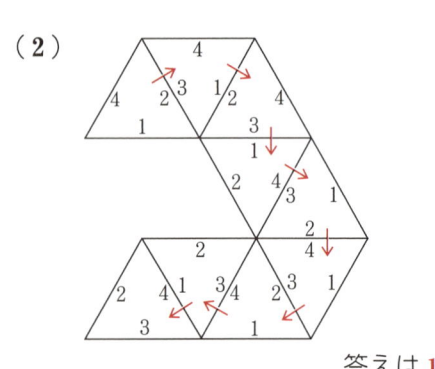
答えは 1

注

正四面体をアからイまで転がすと，道順によらず1が書かれた面が接します．理由は p.61．立方体ではこのようなことはいえません．

— 26 —

58. 立方体の積み木を投影図から復元

右図は，1辺が1cmの立方体の積み木を組み立てたものを正面から見た図と真上から見た図である．

（1） 積み上げた立方体の個数が最小の場合と最大の場合の個数を答えよ．

（2） 立方体の個数が最大のとき，この立体の表面積を求めよ．

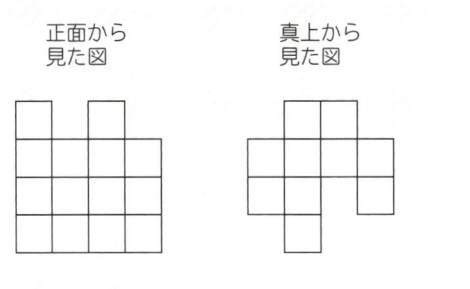

ヒント

2方向からの情報が与えられている場合は，1列ずつ考えます．

例えば，図1のように正面から見た個数が4個と真上から個数が3個であるとします．すると，個数が最小となるのは図2のように4+3−1=6個を積んだとき，最大となるのは図3のように4×3=12個を積んだときです．

表面積を求めるには，真横から見た図を付け加えて考えます．3方向から見た図の面積の和を2倍したものに，図には表れていない面の面積を加えます．

真横から見た図を描くには，真上から見た図に高さ（積み上げた立方体の個数）を書き込んで整理するとよいでしょう．

図1

図2

4+3−1=6(個)

図3

4×3=12(個)

解答

（1） 最小の場合

$(4+2-1)+(3+4-1)$
$+(4+2-1)+(3+2-1)=$ **20(個)**

最大の場合

$4\times2+3\times4+4\times2+3\times2=$ **34(個)**

（2） 真横から見た図は図5のようになる．正面から見た図には14個，真上から見た図には10個，真横から見た図には15個の正方形がある．

正面，真上，真横から見た図でも見えない面は，図4のように2+6=8個ある．

立体の表面積は，

$(14+10+15)\times2+8=$ **86(cm²)**

図4

図5

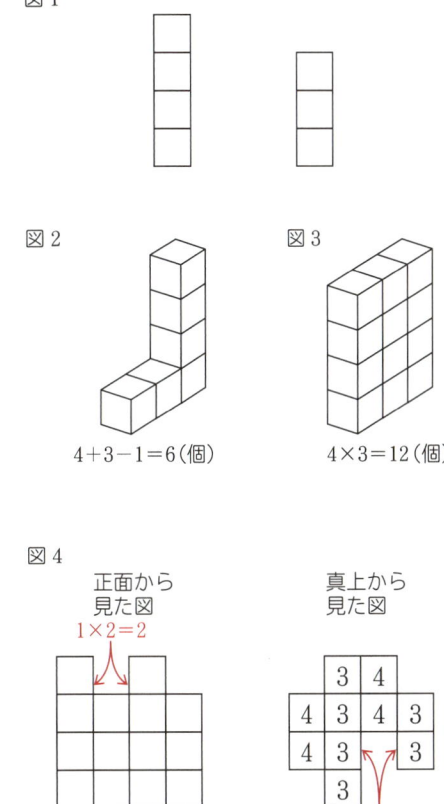

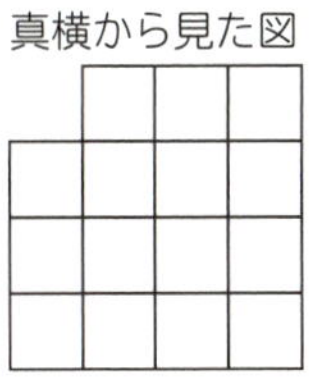

59. 柱を切る

（1） 図1は，直方体を斜めに切って作った立体図形である．アの長さを求めよ．また，この立体図形の体積を求めよ．

（2） 図2は円柱を斜めに切って作った立体図形である．この立体図形の体積を求めよ．

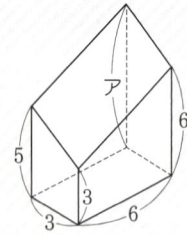

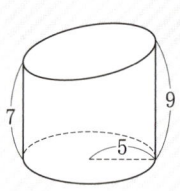

ヒント

直方体を斜めに切った面は平行四辺形になります．この面の対角線を引くと，平行四辺形の対角線は互いに真ん中の点を通るので，互いに二等分されます．図3でア，イの平均と，ウ，エの平均がともにオになるので，

ア＋イ＝ウ＋エ

が成り立ちます．

直方体や円柱を斜め切った立体図形の体積を求めるには，同じ長さの辺を持つ立体図形を組み合わせ，直方体や円柱を作って考えるとうまく求まります．

図3
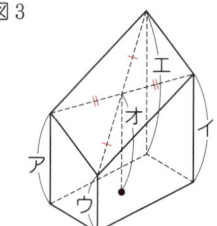

図4
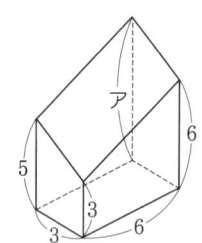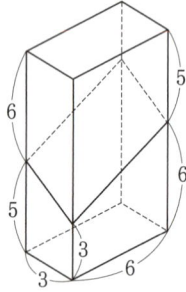

解答

（1） 図4の左図で，ア＋3＝5＋6 が成り立つので，**ア＝8（cm）**

この立体図形は，底面が3×6の長方形で高さ5＋6＝11（cm）の直方体を斜めに切って，体積を二等分したものである（図4）．

求める体積は，

$$3 \times 6 \times (5+6) \div 2 = \mathbf{99\,(cm^3)}$$

（2） この立体図形は，底面が半径5の円で高さ16（＝7＋9）（cm）の円柱を斜めに切って，体積を二等分したものである（図5）．

求める体積は，

$$5 \times 5 \times 3.14 \times (7+9) \div 2 = 200 \times 3.14$$
$$= \mathbf{628\,(cm^3)}$$

図5
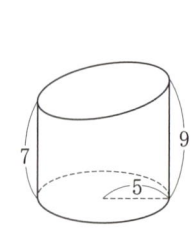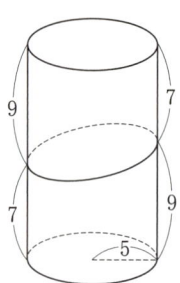

60. 直方体から切り出す

(1),(2)は直方体の一部をけずり落とした立体図形である．この立体図形の体積を求めよ．

(1)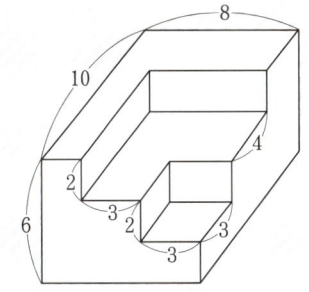
(2)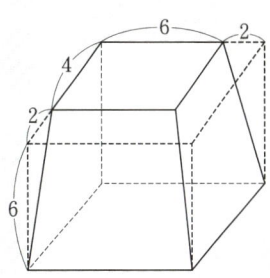

ヒント

立体図形の体積を求めるには，足し算で求める場合と引き算で求める場合の2通りがあります．

つまり，問題の立体図形を体積が求めやすい立体図形に分解して，それぞれの体積を求め和を取る場合と，問題の立体図形を切り出すことを考え，体積の差を取る場合です．

解答

(1) ア－イ－ウ
　 ＝10×8×6－7×6×2－3×3×2
　 ＝480－84－18
　 ＝**378(cm³)**

(2) ア＋イ＋ウ＋エ
　 ＝4×6×6＋2×6÷2×6
　 　＋2×6÷2×4＋2×2×6÷3
　 ＝144＋36＋24＋8＝**212(cm³)**

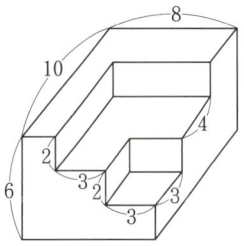

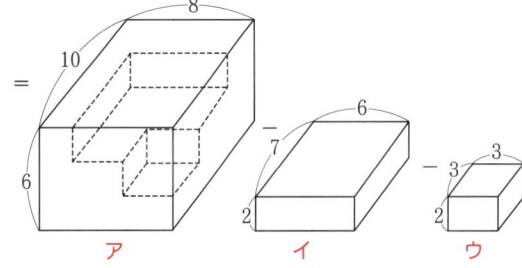

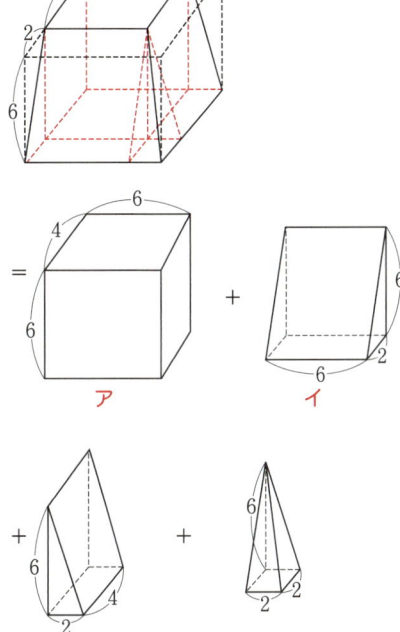

61. 断頭三角柱

（1） 図1は三角柱である．太線で表された図形ア，イの体積を求めよ．
（2） 図2のA，B，C，Dは，正四面体の辺の三等分点である．立体 ABCDEF の体積と正四面体の体積比を求めよ．

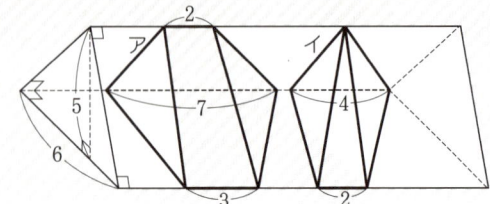

図1　　　　図2

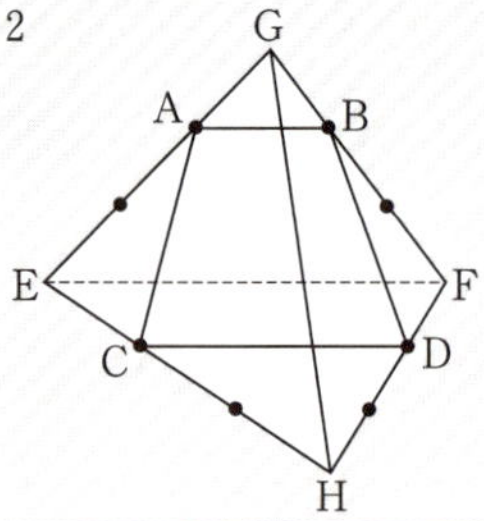

💡 ヒント

図3のように，三角柱を斜めの2面で切った立体図形があります．もとの三角柱の底面積を S，3辺の長さを a, b, c とすると，この立体図形の体積 V は，

$$V = S \times \frac{a+b+c}{3}$$

3辺のうち，0があってもこの公式は使えます．

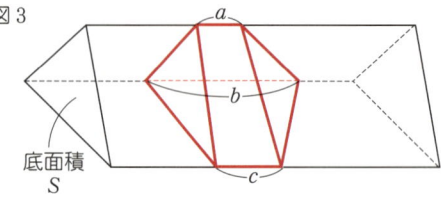

図3

💡 解答

（1）　ア $= 6 \times 5 \div 2 \times \dfrac{2+7+3}{3} = \mathbf{60 (cm^3)}$

一辺が0だと考えて，公式を適用する．

イ $= 6 \times 5 \div 2 \times \dfrac{0+4+2}{3} = \mathbf{30 (cm^3)}$

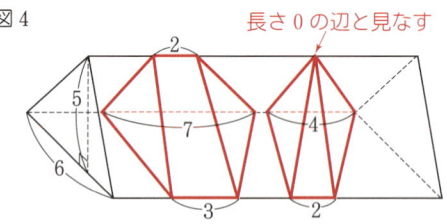

図4　　長さ0の辺と見なす

（2）　図5はEF方向から正四面体を見た図である．立体 ABCDEF と正四面体の断頭三角柱としての底面はアカ網部と太線部であり，面積比は，

$$1 \times 2 : 3 \times 3 = 2 : 9$$

AB，CD，EF は，三角形の相似から平行で，

$$AB : CD : EF = 1 : 2 : 3$$

よって体積比は，

$$2 \times \frac{1+2+3}{3} : 9 \times \frac{0+0+3}{3} = \mathbf{4 : 9}$$

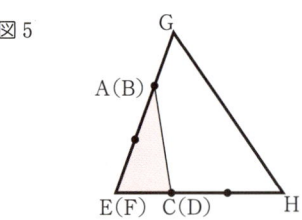

図5

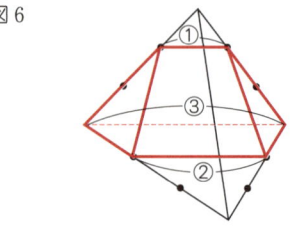

図6

⚠ 注

四角柱から切り出した立体に関しては，同様の式 $V = S \times \dfrac{a+b+c+d}{4}$ は成り立ちません．この立体の体積を求めるには分割して断頭三角柱の公式が使える形に分割します．

62. 展開図

次の展開図を組み立ててできる立体の体積を求めよ．

(1)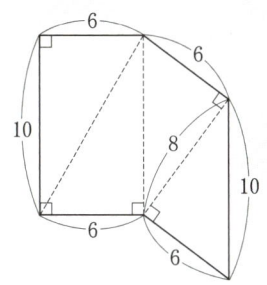

(2)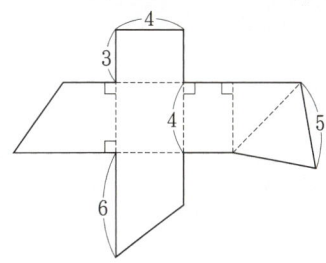

💡ヒント

(1) どの面を底面にすると高さがわかりやすいかを考えます．図1で，$x=90°$，$y=90°$のとき，AB は平面 a に垂直になるという事実を用います．
(2) 直方体から切り出すことを考えます．

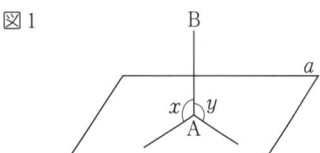

図1

💡解答

(1) アカ網部の面を底面とする．A には，2つの面の直角が集まっているので，AB が高さになる．

$6 \times 8 \div 2 \times 6 \div 3 = \mathbf{48 (cm^3)}$

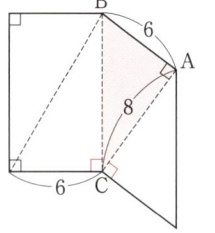 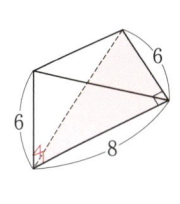

(2) アカ網の正方形の頂点には，直角が2個ずつ集まっている．アカ網部を底面とすると，アカ網部のまわりは直方体のようになる．

㋐，㋑，㋒，㋓を立てると，右図のようになる．残りの2面で立体を組み立てるには，AB を谷折りにしなければならない．

問題の立体は，図のA，B，C を通る平面で切ると，三角すいと直方体に分かれる．

求める体積は，
$4 \times 4 \div 2 \times 3 \div 3 + 4 \times 4 \times 3 = \mathbf{56 (cm^3)}$

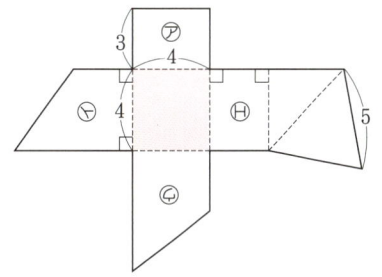

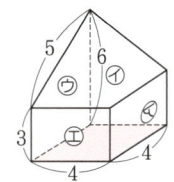 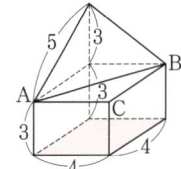

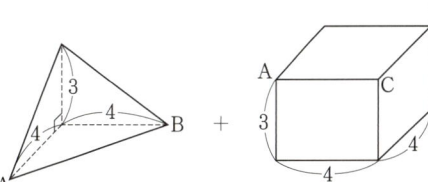

63. 投影図

立方体を平面で切断した立体が次の投影図で表されるとき，この立体の体積を求めよ．

(1)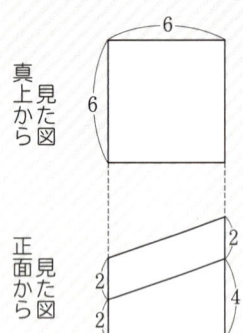

(2)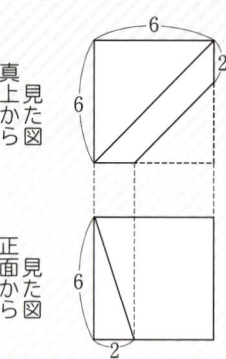

ヒント
(1) 真上から見ると正方形に見えることより，立方体を斜めに切った図形であることが分かります．
(2) 立方体から切り出した図形です．

解答
(1) 同じ形の立体と合わせて直方体を組み立てる（図1）．求める体積は，直方体の体積の半分であり，

$6×6×(6+2)÷2 = \mathbf{144(cm^3)}$

(2) 立方体から取り除いた部分は，角すい台である．

図3で，ア：イ＝3：2なので，三角すい台は，底面が6cmの直角二等辺三角形で，高さが18（＝6×3）cm の角すいから，底面が4cmの直角二等辺三角形で，高さが12cmの角すいを取り除いた立体である．

三角すい台の体積は，
$6×6÷2×18÷3 - 4×4÷2×12÷3 = 76(cm^3)$

求める立体の体積は，
$6×6×6 - 76 = \mathbf{140(cm^3)}$

別解
図3の三角すい台を求めるのに，ウとエの三角すいの相似比が3：2であることを用いる．

ウ：エ＝3×3×3：2×2×2＝27：8 であり，

$6×6÷2×18÷3×\left(1-\dfrac{8}{27}\right) = 76(cm^3)$

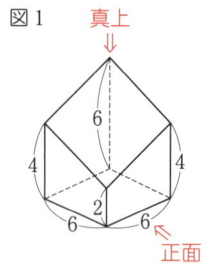
図1

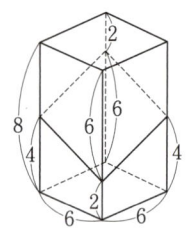

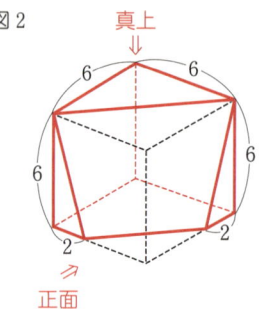
図2

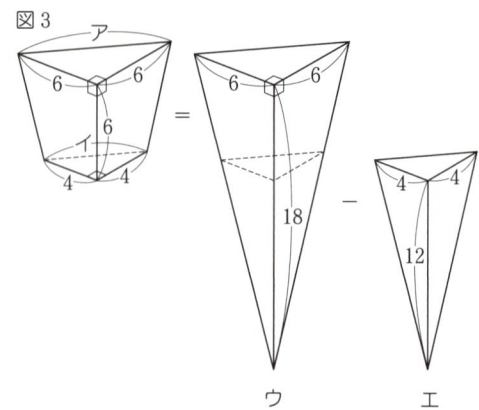
図3

64. 2:1:1の三角すい

次の立体の表面積を求めよ．
（1）

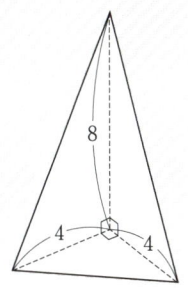

（2）

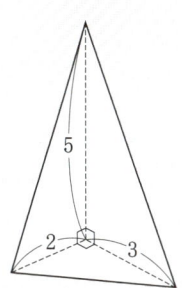

🔧 ヒント

直交する3辺の長さが2:1:1の三角すいの表面積は，展開図が図1のように正方形になることから求めることができます．これは入試では頻出重要事項です．

直交する3辺の長さが a, b, $a+b$ のときも，図3のように考えることで，表面積を求めることができます．こちらは入試にはまだ出ていません．

図1

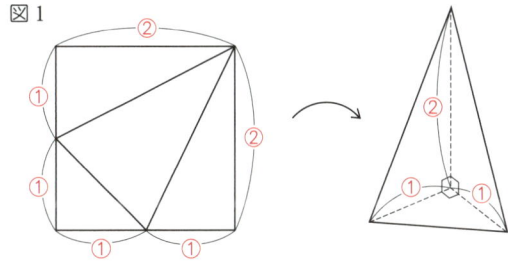

💡 解答

（1） 1辺が8の正方形からこの立体を組み立てることができるので，表面積は
$$8 \times 8 = \mathbf{64 \, (cm^2)}$$

（2） 図3のように1辺が5の正方形を三角形に分割し，1つの三角形を裏返した図形から，この立体を組み立てることができるので，表面積は，
$$5 \times 5 = \mathbf{25 \, (cm^2)}$$

図2

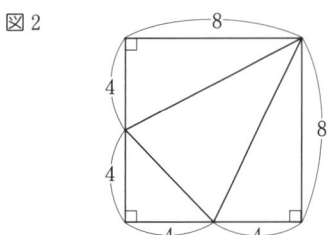

図3

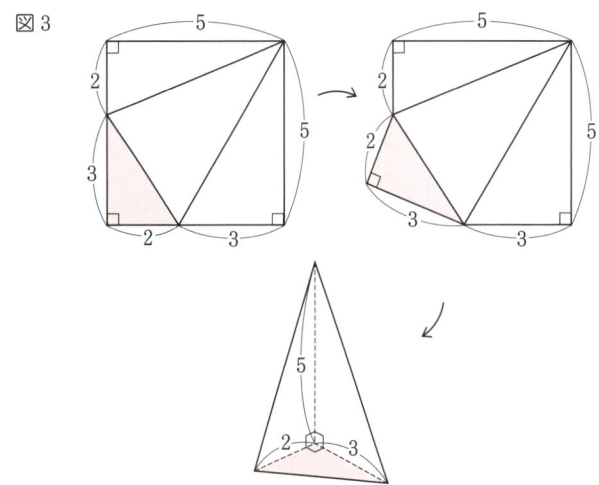

65. 埋め込み

次の立体の体積を求めよ．

（1）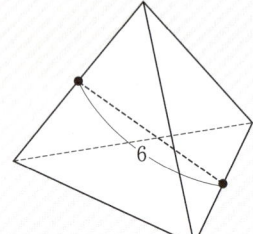 正四面体　●は辺の真ん中

（2）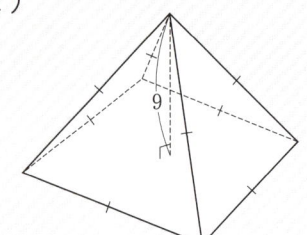 すべての辺の長さが等しい正四角すい

💡ヒント

図1のように立方体の互いに隣り合わない4つの頂点を結ぶと正四面体になります．

また，図2のように立方体の面の中心を結ぶと正八面体になります．

図3は，正四面体の真ん中の点を結ぶと正八面体ができることを示しています．図1と図2をあわせると，図4のようになります．

図1 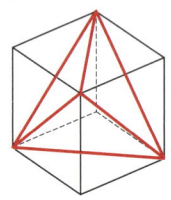　図2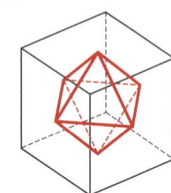

図3 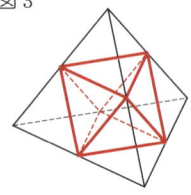　図4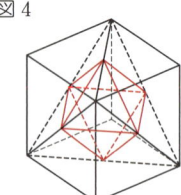

💡解答

（1）この立体は1辺が6cmの立方体から切り出すことができる（図5）．図5で上面の中心と下面の中心を結ぶと6になる．

$$6 \times 6 \times 6 - 6 \times 6 \div 2 \times 6 \div 3 \times 4 = \mathbf{72 (cm^3)}$$

（2）この立体は1辺が18の立方体の面の中心を結んでできる正八面体の半分である．

底面の面積は，
$$18 \times 18 \div 2 = 162 (cm^2)$$

求める体積は，
$$162 \times 9 \div 3 = \mathbf{486 (cm^3)}$$

図5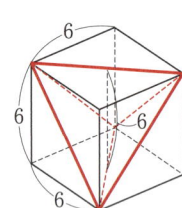

図6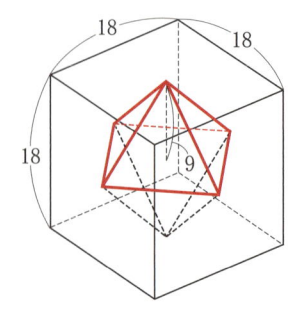

66. 回転体

次の図形を直線 l の周りに1回転させてできる立体の体積を求めよ．

(1)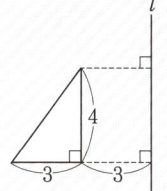

(2)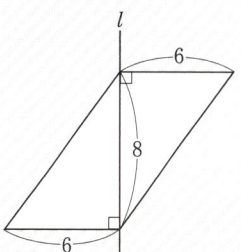

💡 ヒント

回転してできる立体は，円柱，円すいを組み合わせた（合わせたり，差し引いたりした）立体図形になります．

（2）のように直線の両側に回転する部分がある場合には，いったん図形を片側に寄せてから，あらためて回転体を考えましょう．

💡 解答

（1） 図1のように，アの円すいからイの円すいとウの円柱を取り除いた立体図形になる．

$6 \times 6 \times 3.14 \times 8 \div 3$
　　　$- 3 \times 3 \times 3.14 \times 4 \div 3 - 3 \times 3 \times 3.14 \times 4$

$= (96 - 12 - 36) \times 3.14 = 48 \times 3.14$

$= \mathbf{150.72 (cm^3)}$

図1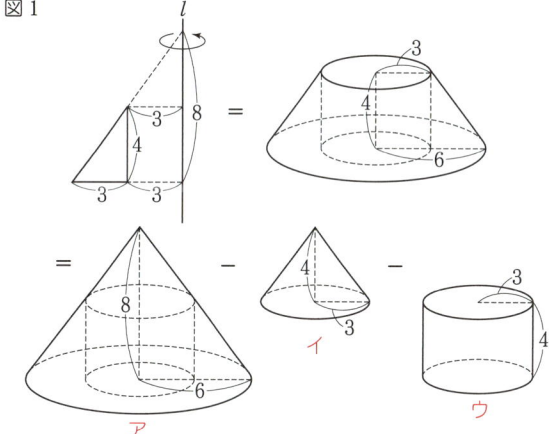

（2） 図2のように，一度図形を片側に寄せる．
回転体は，円すい台を2つ組み合わせた図形になる．

$(6 \times 6 \times 3.14 \times 8 \div 3 - 3 \times 3 \times 3.14 \times 4 \div 3) \times 2$

$= (96 - 12) \times 3.14 \times 2$

$= \mathbf{527.52 (cm^3)}$

図2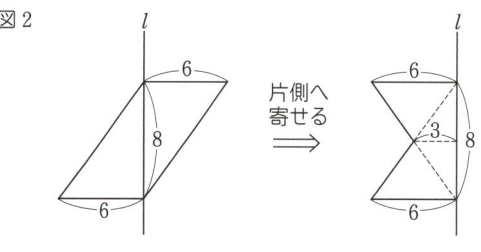

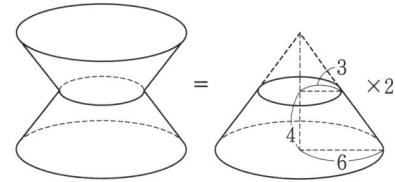

⚠ 注

対称な図形の回転体についての体積を求めるには速算法があります．これについてはp.61を見てください．

67. 円すい

（1） 左図で，展開図のおうぎ形の中心角と円すいの表面積を求めよ．
（2） 右図の円すい台を平面に置き転がすとき，元の位置に戻るまで何回転するか．

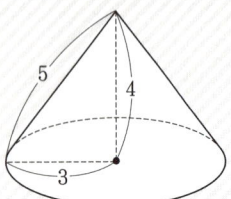
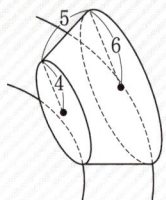

ヒント

図1のように，円すいの頂点と底面の円周上の点を結ぶ直線を母線と言います．底面の半径が a，母線の長さが b の円すいの展開図のおうぎ形の中心角 $x°$ は，底面の円周とおうぎ形の弧が等しいので，

$$a \times 2 \times 3.14 = b \times 2 \times 3.14 \times \frac{x°}{360°}.$$

これから，

$$\frac{a}{b} = \frac{x°}{360°}$$

また，側面積は，

$$b \times b \times 3.14 \times \frac{x°}{360°} = b \times b \times 3.14 \times \frac{a}{b}$$
$$= b \times a \times 3.14$$

解答

（1） 中心角を $x°$ とすると，

$$\frac{3}{5} = \frac{x°}{360°} \quad \therefore \quad x° = 360° \times \frac{3}{5} = \mathbf{216°}$$

側面積は，$5 \times 3 \times 3.14 \, (\text{cm}^2)$
底面積は，$3 \times 3 \times 3.14 \, (\text{cm}^2)$
表面積は，$5 \times 3 \times 3.14 + 3 \times 3 \times 3.14$
$\qquad = 3 \times (5+3) \times 3.14 = \mathbf{75.36 \, (cm^2)}$

（2） 円すい台の元になる円すいの母線の長さを求める．

相似形より，ア：イ＝6：4＝3：2
③－②＝① が 5cm に当たるので，③＝15cm
母線の長さが 15cm，底面の半径が 6cm の円すいを転がすとき，ウの円周からエの円周が何個取れるかを考えて，

$$\frac{15 \times 2 \times 3.14}{6 \times 2 \times 3.14} = \frac{15}{6} = 2.5$$

2.5 回転で元に戻る．

図1
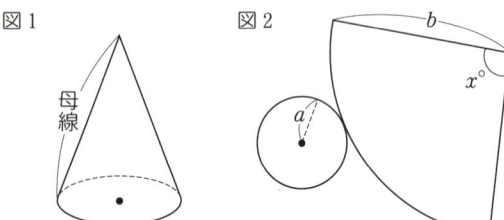

図2

図3
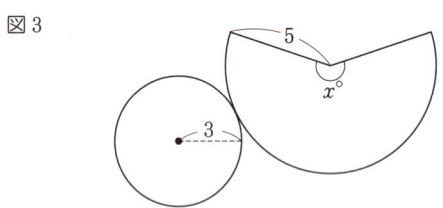

図4
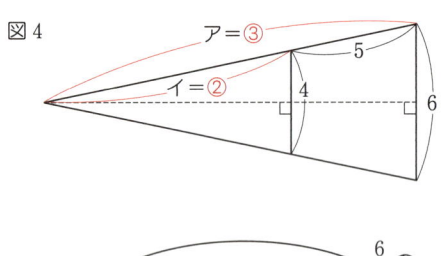
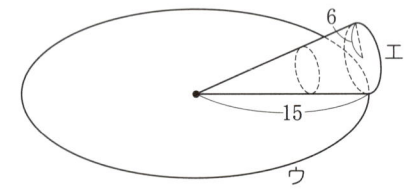

68. 立方体を1回切る

1辺が6の立方体を図のような3点 A，B，C を通る平面で切ったときできる立体のうち，P を含む立体の体積を求めよ．(1)で，平面と DE の交点を Q とする．DQ の長さを求めよ．

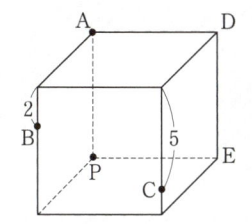

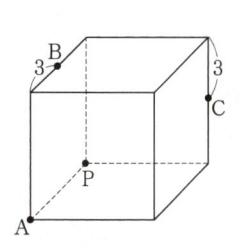

(1)   (2)

💡ヒント

3点を通る平面による切り口を求める問題では，以下の2つの事実を用います．

ポイント1

平行な2つの平面 a，b と，これらと交わるような平面 c があります．このとき，a と c の交線 l（交わってできる直線）と，b と c の交線 m は平行になります．

直方体の向かい合う面は平行なので，直方体の切断面を調べるときに用います．

ポイント2

交線 l で交わる2つの平面 a，b に対して，これらと交わるような平面 c があります．このとき，a と b の交線 l，c と a の交線 m，c と b の交線 n，これら3本の交線は1点で交わります．

実際に問題を解くときには，l がもともとの立体図形の辺を延長したもの，m，n が切り口の直線という形で用います．

ポイント1，2のいずれの場合でも，これに加えて相似な三角形を利用するのがカギです．

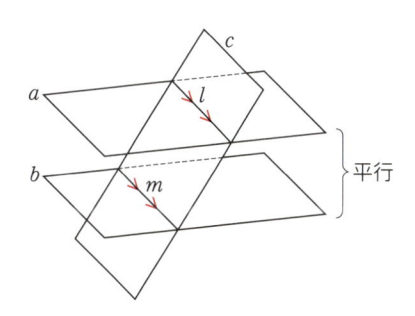

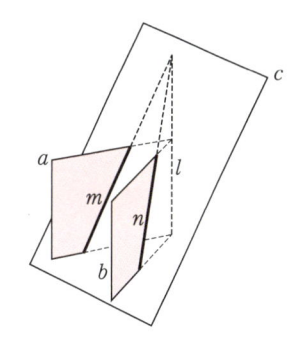

💡解答

(1) 立方体の前の面と奥の面が平行なので，ポイント1より，BC と AQ が平行になる．

アカ網の直角三角形は合同であり，
ア＝イ＝5－2＝**3(cm)**

P を含む方の立体と同じ長さの立体を組み合わせて，底面が1辺6cmの正方形，高さが7cmの直方体を作ることができる．求める立体の体積は，この直方体の半分で，

6×6×7÷2＝**126(cm³)**

※ 体積だけを求めるにはアの長さを求める必要はありません．A，C の高さ 6cm，1cm を足す

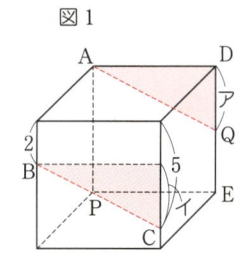

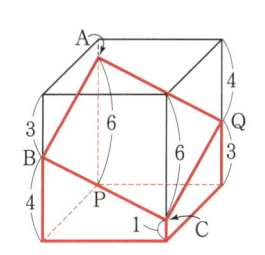

— 37 —

ことによって，組み合わせてできる直方体の高さ7cmを求めることができます．

（2）ABとPDの延長線の交点をEとする．
[AB，PD，GCの延長線が1点(E)で交わるという事実を用いている．これはポイント2である．]

図2のアカ網部の三角形が合同なので，ED=6．ECとPFの延長線の交点をGとする．

図3の太線部とアカ網部の相似から，
　PG:FG=PE:FC=(6+6):3=4:1
PG=④，FG=①とすると，PF=6が
④−①=③なので，①=2．FG=2

PG=④=8，DH:PG=ED:EP=1:2より，
DH=4

AGと辺の交点をIとすると，図4で太線部とアカ網部の三角形の相似から，AP=6と
AP:IF=PG:FG=4:1より，IF=1.5

求める体積は，
$6×8÷2×12÷3 - 3×4÷2×6÷3$

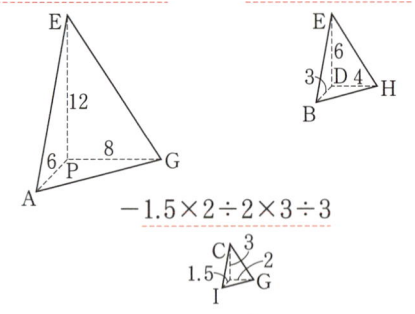

$-1.5×2÷2×3÷3$

$=96-12-1.5=$ **82.5(cm³)**

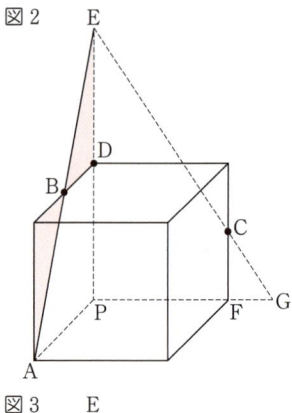

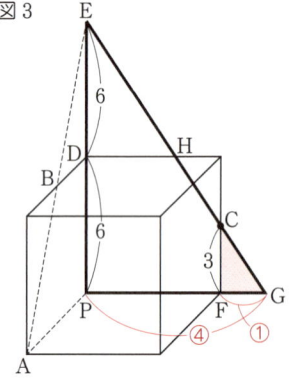

💡 別解

三角すいE-APG，三角すいE-BDH，三角すいC-IFGが相似であることを用いる．

相似比は，4:2:1であり，体積比は，
　4×4×4:2×2×2:1×1×1=64:8:1
求める体積は，
$$6×8÷2×12÷3×\frac{64-8-1}{64}=82.5(cm³)$$

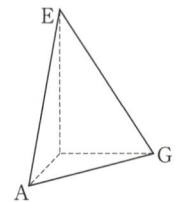

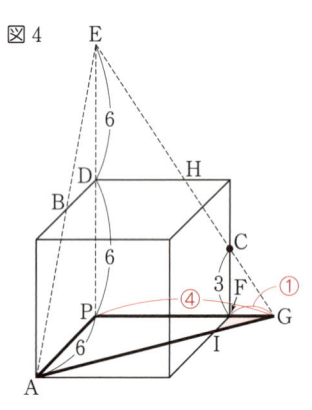

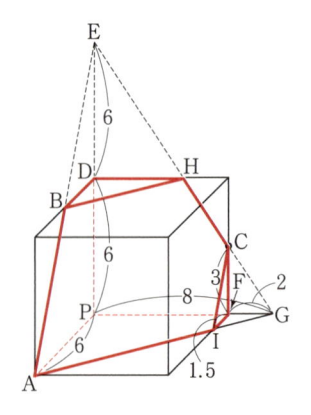

立方体の切り口の種類

次の中から，立方体の切り口として考えられない図形を選べ．
- ① 正三角形
- ② 直角三角形
- ③ 二等辺三角形
- ④ 正方形
- ⑤ 長方形
- ⑥ たて，よこの比が1：3の長方形
- ⑦ ひし形
- ⑧ 平行四辺形
- ⑨ 等脚台形
- ⑩ ⑨でない台形
- ⑪ 台形でない四角形
- ⑫ 正五角形
- ⑬ 五角形
- ⑭ 正六角形
- ⑮ 向かい合う辺が平行でない六角形
- ⑯ 七角形

ヒント

立方体を平面で切ってできる図形には，三角形，正方形，長方形，ひし形，平行四辺形，五角形，正六角形，六角形などがあります．平行な面どうしの切り口には平行な2直線が現れますから，切り口に現れる四角形の少なくとも一方の辺の組は平行になります．切り口に現れる四角形は必ず台形です．

解答

切り口としてありえない図形は，②，⑪，⑫，⑮，⑯．

①正三角形　③二等辺三角形 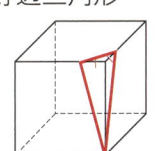　④正方形 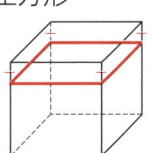　⑤長方形

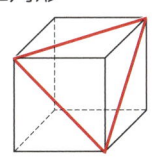

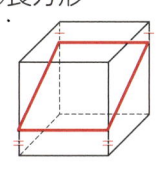

⑥1：3の長方形 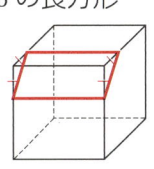　⑦ひし形 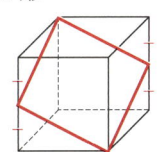　⑧平行四辺形 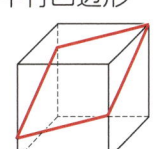　⑨等脚台形

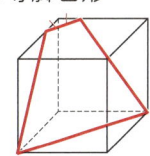

⑩台形 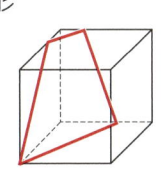　⑬五角形 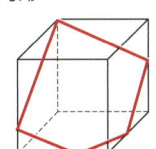　⑭正六角形

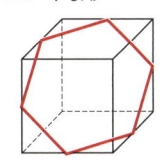

69. 立体を切る

直方体を切ってできた図のような図形を●を通る平面で切断する．切断してできる立体のうち，Aを含む立体の体積を求めよ．

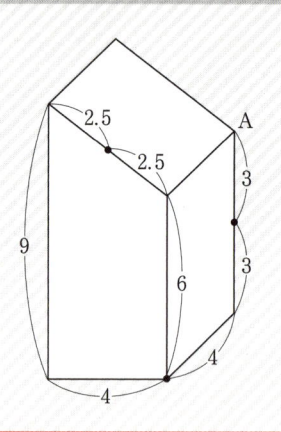

ヒント
立方体を切断するときの2つのポイント（**68.** 参照）は，他の立体を切断するときであっても，そのまま使えます．

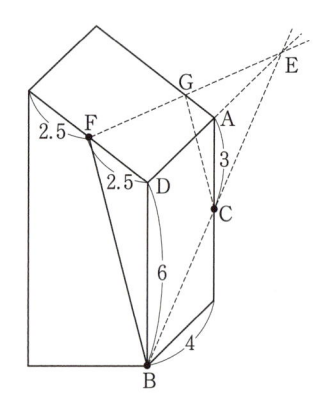

解答
68. のテーマのポイント2を用いる．

図のように，ADとBCの延長線の交点をE，EFと辺の交点をGとする．
$$ED : EA = DB : AC = 6 : 3 = 2 : 1$$
で，手前の面と奥の面が平行であることより，三角すいE-DFBと三角すいE-AGCの相似比は2：1であり，体積比は，
$$2 \times 2 \times 2 : 1 \times 1 \times 1 = 8 : 1$$
三角すいE-DFBの体積は，$6 \times 2 \div 2 \times 8 \div 3$

求める立体は，三角すいE-DFBから，三角すいE-AGCを取り除いてできる三角すい台なので，求める体積は，
$$6 \times 2 \div 2 \times 8 \div 3 \times \frac{8-1}{8} = \mathbf{14\,(cm^3)}$$

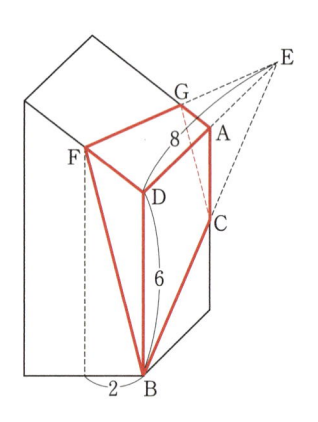

70. 三角すいを切る

三角すいを●を通る平面で切って，2つの立体に分けたとき，Aを含む立体の体積ともとの三角すいの体積の比を求めよ．

（1）

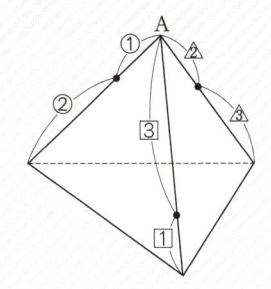

（2）

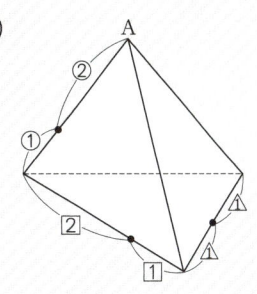

💡 ヒント

（1） 平面図形編 28．「角を共有する三角形」では，図1において，

△(赤) : △ = $a \times b : c \times d$

が成り立ちました．これを立体に拡張すると，図2において，

▲(赤) : ▲ = $a \times b \times c : d \times e \times f$

が成り立ちます．なぜなら，図3で連比を作ると，

```
    G-AEF      D-AEF      D-ABC
      c    :     f
               a×b    :   d×e
─────────────────────────────────
  a×b×c   :   a×b×f   :  d×e×f
```

となるからです．

（2） 三角すいを，4辺を通るような平面で切断するとき，3個の点について線分比が与えられ，4本目の辺を切断する点の線分比を求めるには，線分比を切断する平面からの各点の高さを比で捉えます．（図4）．

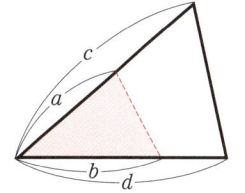

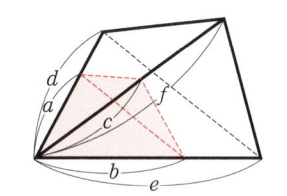

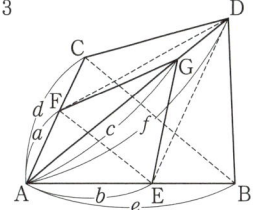

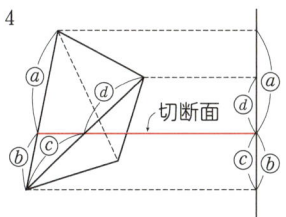

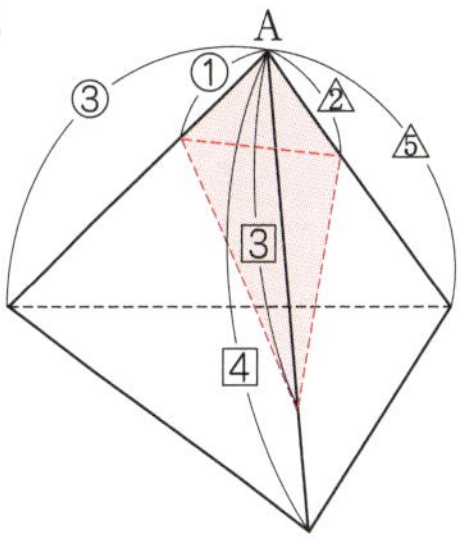

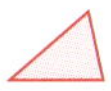

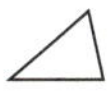

💡 解答

（1） 図2の関係式を用いて，

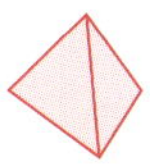

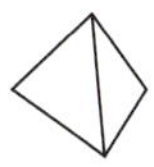

△(赤) : △ = ①×③×△ : ③×④×⑤ = **1 : 10**

図1

図2

図3

図4

図5

(2) 図6のように，切断する平面から見た点の高さの比を考える．

ア＝①とすると，CQ：QB＝1：2より，イ＝②
BP：AP＝1：2より，ウ＝④
CR：RD＝1：1より，エ＝①

よって，
$$AS：SD＝ウ：エ＝4：1$$
になる．

Aを含む立体を，三角形QCRを底面とした三角すいP–QCRと，四角形ACRSを底面とした四角すいP–ACRSを組み合わせてできる立体と捉える（図7）．

三角すいABCDの体積を1としたとき，

三角すい $P–QCR = \dfrac{1}{3} \times \dfrac{1}{2} \times \dfrac{1}{3} = \dfrac{1}{18}$

四角すい $P–ACRS = \left(1 - \dfrac{1}{2} \times \dfrac{1}{5}\right) \times \dfrac{2}{3} = \dfrac{3}{5}$

　　　　　　　　　　　四角形ACRS

よって，
Aを含む立体：もとの三角すい
$= \left(\dfrac{1}{18} + \dfrac{3}{5}\right) : 1 = \mathbf{59 : 90}$

⚠ 注

辺の線分比を高さの比と捉えることは，メネラウスの定理（平面図形編 p.54）で線分比を1つの直線上に集めることに相当します．

したがって，図8について，メネラウスの定理と同様の次式が成り立ちます．
$$\dfrac{a}{b} \times \dfrac{c}{d} \times \dfrac{e}{f} \times \dfrac{g}{h} = 1$$

（2）で，この関係式を確かめると
$$\dfrac{2}{1} \times \dfrac{2}{1} \times \dfrac{1}{1} \times \dfrac{1}{4} = 1$$
となり，成り立ちます．

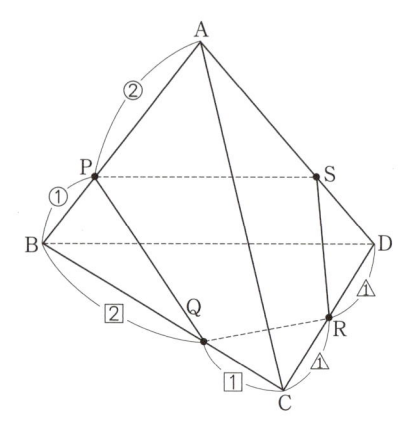

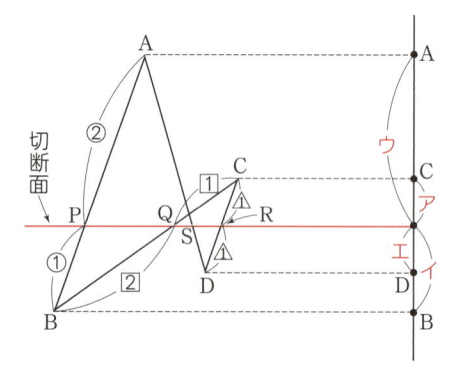

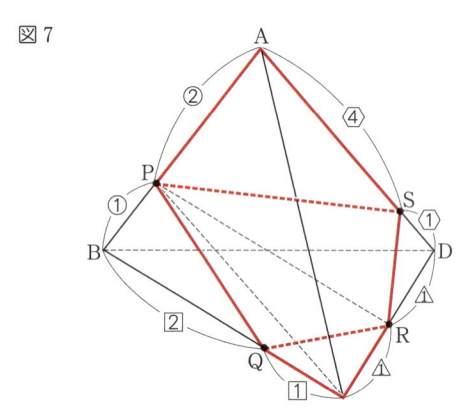

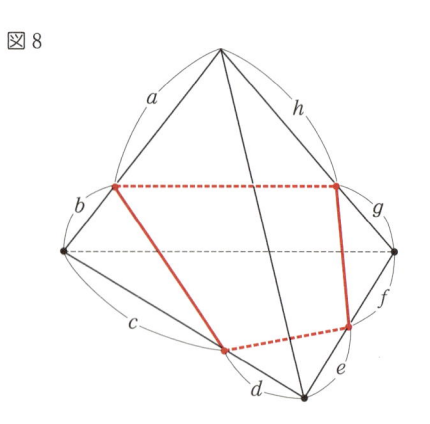

71. 四角すいを切る

底面が正方形で，斜辺の長さが等しい四角すいを●を通る平面で切って，2つの立体に分けたとき，Aを含む立体の体積ともとの四角すいの体積の比を求めよ．

(1) (2)

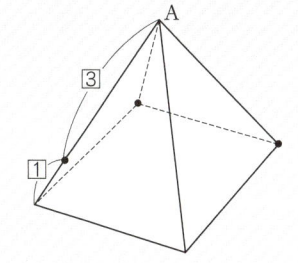

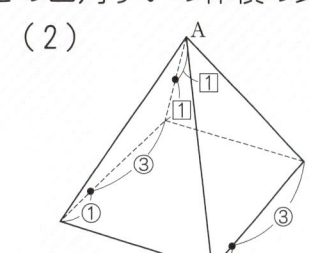

ヒント
(1)は求める立体を2つの三角すいに分けて考えます．(2)は断頭三角柱の体積の求め方(**61.**参照)を利用します．

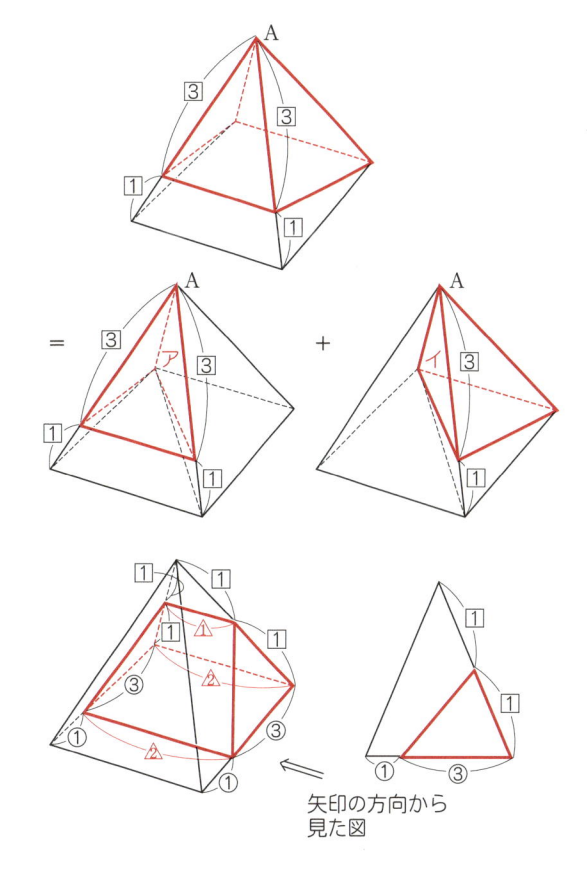

解答

(1) もとの四角すいの体積を1とする．求める立体をア，イに分けて考えると，求める比は，

$$\underbrace{\frac{1}{2} \times \frac{3}{4} \times \frac{3}{4}}_{\text{ア}} + \underbrace{\frac{1}{2} \times \frac{3}{4} \times 1}_{\text{イ}} : 1$$

$= \mathbf{21 : 32}$

(2) 問題の立体やもとの四角すいを矢印方向から見て断頭三角柱と捉えて体積を計算する．

$$③ \times ① \times \frac{①+②+②}{3} : ④ \times ② \times \frac{②+②+⓪}{3}$$

$= 15 : 32$

よって，求める比は，

$(32-15) : 32 = \mathbf{17 : 32}$

矢印の方向から見た図

72. 立体を2回切る

底面が直角三角形の三角柱がある．これを面 BDF と面 CDE で切ったとき，A を含む立体の体積を求めよ．

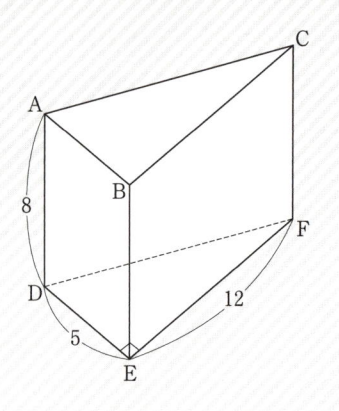

ヒント

2回の切断をするときできる立体を考えるためには，2平面の交わりを考えるのがポイントです．2つの平面の交わりは直線（交線）になります．この直線を求めるには，この直線上の2点を探してこれを結びます．

図1 ――共通な2点を探す

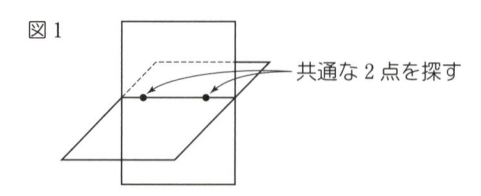

解答

図2のように面 BDF と面 CDE の交線は，BF と CE の交点 G を通る．また，面 BDF と面 CDE はどちらも D を含むので，D は交線上の点である．よって，2面の交線は直線 DG となる．

三角柱の体積から五角形 BEFCG を底面とした五角すい D-BEFCG の体積を引いて求める．求める立体の体積は，

$$5 \times 12 \div 2 \times 8 - 8 \times 12 \times \frac{3}{4} \times 5 \div 3 = \mathbf{120\,(cm^3)}$$

図2

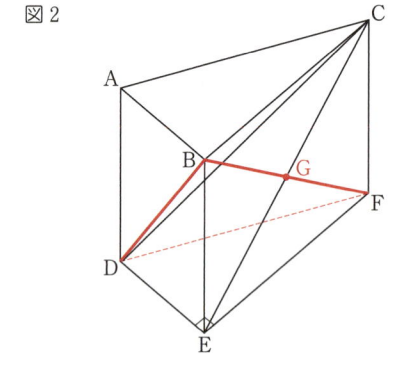

別解

立体を三角すい D-ABC と三角すい D-BGC に分けて考える．
求める立体の体積は

$$\underbrace{5 \times 12 \div 2 \times 8 \div 3}_{\text{三角すい D-ABC}} + \underbrace{8 \times 12 \div 4 \times 5 \div 3}_{\text{三角すい D-BGC}} = 120\,(cm^3)$$

図3

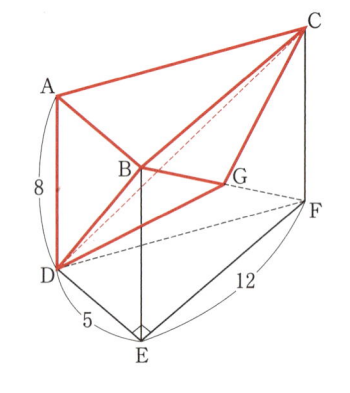

73. 立体の共通部分

1辺が6cmの立方体の中に作られる立体の体積を求めよ．
(1) 左図で，三角すいBDEGと三角すいACFHの共通部分
(2) 右図で，四角柱ABCD-EFGHと四角柱AIEL-CJGKの共通部分

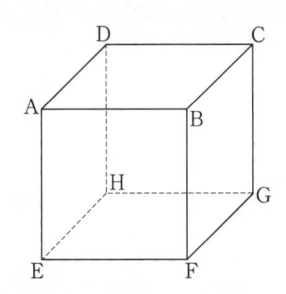

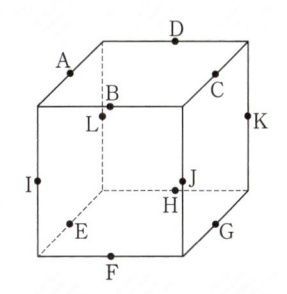

点はすべて辺の真ん中の点

💡ヒント

立体の共通部分を考えるときでも，2つ平面の交線を捉えることがポイントです．上の2題は有名題として押さえておきましょう．

💡解答

(1) 面AFCと面BDEの交線は，ACとDBの交点IとAFとEBの交点Jを結んだ直線となる（図1）．

対称性を考えると，共通部分の立体図形は，立方体の面の中心を結んでできる正八面体になる（図2）．

この正八面体の体積は，四角すいの体積を2倍して，

$$6 \times 6 \div 2 \times 3 \div 3 \times 2 = \mathbf{36(cm^3)}$$

(2) 面BFGCと面AIJCの交線は，BFとIJの交点NとCを結んだ直線となる（図3）．対称性を考えると，図4のようになる．この立体の体積を求めるには，面AEGCで切断して，2つの正四角すいに分ける．求める体積は，

$$6 \times 6 \times 3 \div 3 \times 2 = \mathbf{72(cm^3)}$$

図1

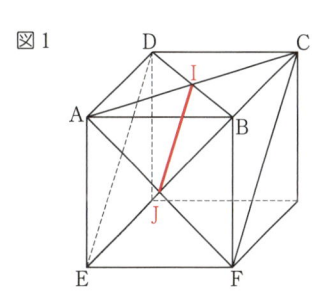

図2

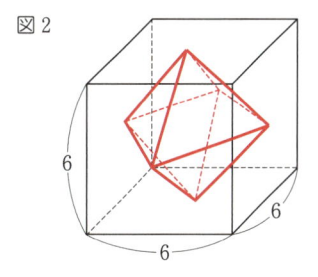

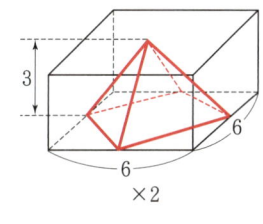

図3

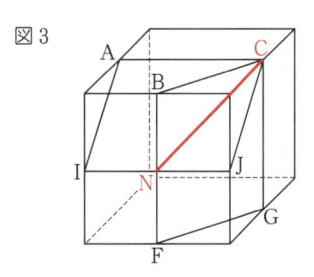

図4

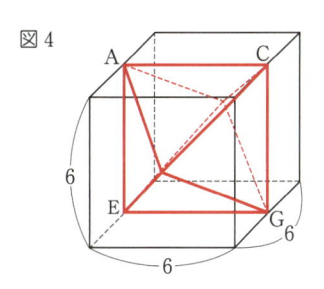

74. 直線が通る立方体の個数

同じ大きさの立方体のブロックを並べて直方体を作る．AB を通る直線は何個の立方体のブロックを通るか．
（1）
（2）

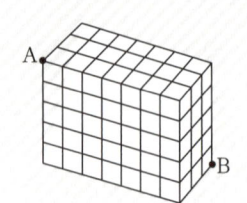

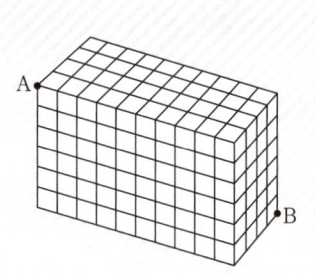

🛠 ヒント

何個の立方体の面と交わるかを考えます．これを垂直 ▯，水平 ◇，前後 ▱ の三方向の面に分けて数えます．対角線が立方体のカドにぶつかるときには注意しましょう（(2)）．

💡 解答

（1） 直線 AB は，垂直 ▯ 方向の面と
7－1＝6 回交わる（図1）．
水平 ◇ 方向の面と 5－1＝4 回，前後 ▱ 方向の面と 3－1＝2 回．全部で，6＋4＋2＝12 回面と交わる．
直線 AB と立方体の面が交わるようすを表すと図2のようになる．直線 AB が通る立方体の個数は，12＋1＝**13 個**

（2） 6，10，4 の最大公約数は 2 である．A から見た B の方向は，下へ 6÷2＝3 個，右へ 10÷2＝5 個，奥へ 4÷2＝2 個だけ進む方向である．よって，AB の真ん中の点 C は立方体の頂点になる．
直線 AC が通る立方体の個数は，(1)と同じように考えて，
$$(3-1)+(5-1)+(2-1)+1=8$$
直線 AB が通る立方体の個数はこれの 2 倍で，
$$8\times 2=\textbf{16 個}$$

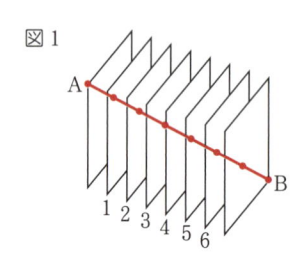

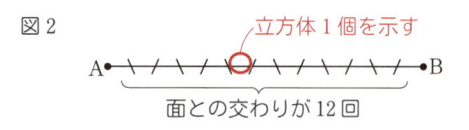

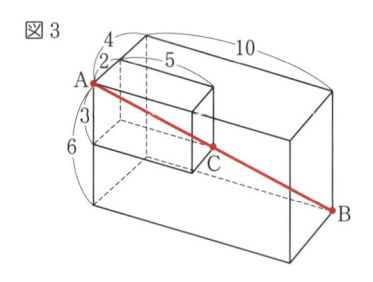

図1

図2　立方体1個を示す
面との交わりが12回

図3

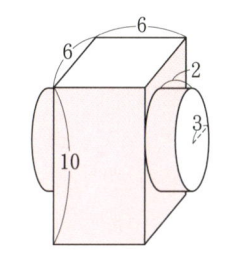

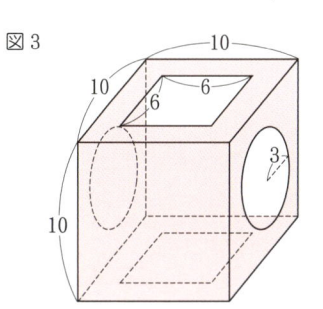

75. 立体をくり抜く

1辺が10cmの立方体から1辺が6cmの正方形と直径6cmの円を図のように向かい合う面まで取り除く．

このときできる立体の体積と表面積を求めよ．

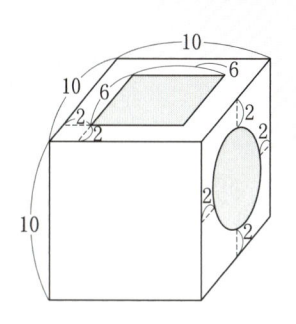

💡 ヒント

くり抜いた部分の立体のようすをしっかりと把握することがポイントです．

💡 解答

(体積)

（くり抜いた部分の立体（図1）の体積）
  $= 6×6×10+3×3×3.14×(10-6)$
  $= 473.04 (cm^3)$

求める体積は，
  $10×10×10-473.04 = $ **526.96 (cm³)**

(表面積)

（図2のアカ網部の面積）
  $= 6×10×4$
  $\quad +\underbrace{3×2×3.14×(10-6)}_{\text{円柱の側面部}}-3×3×3.14×2$
  $= 240+6×3.14 (cm^2)$

求める立体の表面積は，
  $\underbrace{10×10×6-6×6×2-3×3×3.14×2}_{\text{（もとの立体で残った部分の面積）}}$
  $\quad +\underbrace{240+6×3.14}_{\text{（図2のアカ網部の面積）}}$
  $= 768-12×3.14 = $ **730.32 (cm²)**

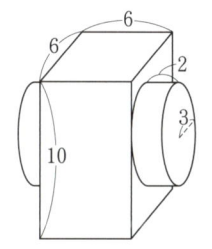

図1

図2

図3

76. 立体をくり抜く（スライス）

1辺が1cmの立方体を重ねて1辺が5cmの立方体を作る．次に図のアカ網をつけた部分を反対側の面までまっすぐくり抜く．くり抜いたあとの立体の体積と表面積を求めよ．

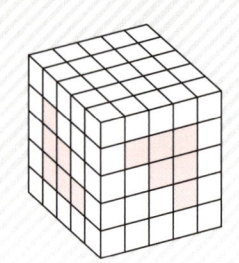

ヒント

初めに抜き取ったあとの立体を水平にスライスして調べていきます．表面積を求めるときは，上向き下向きの面で数え落とし，重複がないかに注意しましょう．数え間違いをなくすには，タテにスライスした図を描いて確認するとよいでしょう．

解答

水平にスライスすると，各段は図のようになる．
白い正方形の個数を足して，体積は，

$25+8+9+8+25=$ **75 (cm³)**

表面積のうち垂直な面の部分は，水平にスライスした図の白い部分の周りの長さを数えて，

$20+24+24+24+20=112 \text{ (cm}^2\text{)}$

水平な面の部分は，a列，b列，…とタテにスライスした図の白い部分の水平な辺の長さを数えて，

$16+22+20+20+16=94 \text{ (cm}^2\text{)}$

求める表面積は，

$112+94=$ **206 (cm²)**

注

タテにスライスした図を描かないと，○を付けた面を数え落としたり，×の面を2重に数えたりしてしまうことが多い．

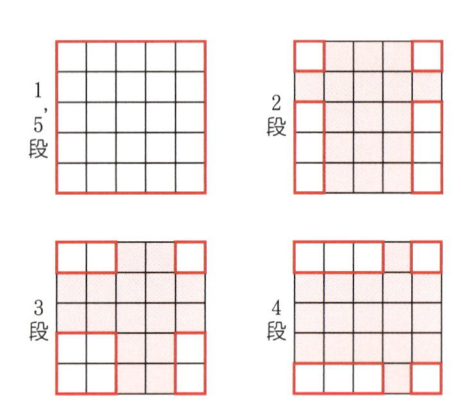

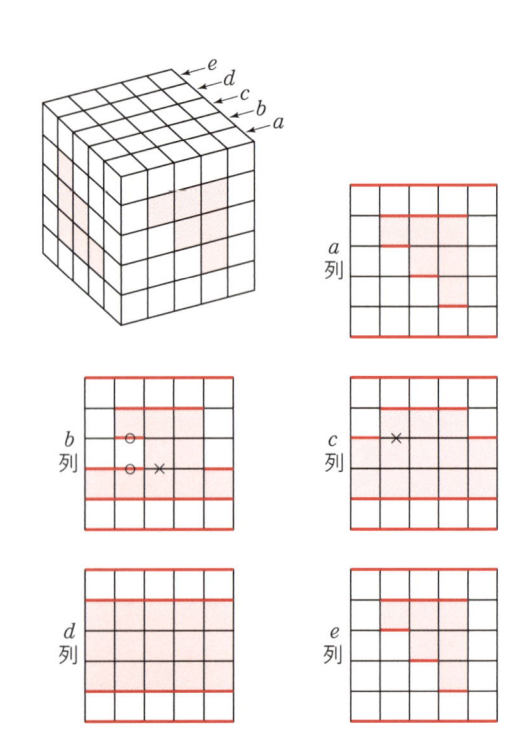

77. 平面が切る立方体の個数

同じ大きさの立方体のブロックを並べて直方体を作る．面 ABC で切るとき，切られた立方体のブロックの個数を求めよ．また，このときの(1)の切断面の図を描け．

(1)

(2)

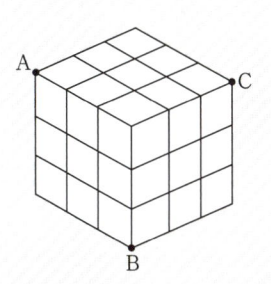

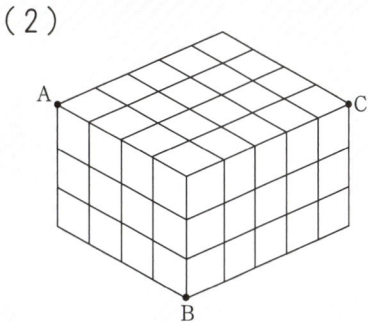

ヒント

前問と同じように，水平にスライスして考えます．各段の図で，各段の上面と下面を切断する直線ではさまれた部分が，立方体の切られた部分を表しています（図1）．これらの個数を数えれば，切られた立方体の個数が求まります．

各段の図を一度に描いても構いません（図2）．結局，切断する直線とたて・よこの直線で三角形 ABC がいくつの部分に分かれたかを数えることになります．

こうして描いた図（図2）は，上から見た図ですが，辺の長さを調節すれば切断面にもなります．

図1

1段目

2段目

3段目

図2

1～3段目を合わせて

切断面

解答

(1) AB，BC と水平な面との交点を D，E，F，G とする．図1の○の個数を数えて，
$$5+3+1=9(個)$$
切断面は，図2のようになる．

(2) 図3の○の個数を数えて **23個**

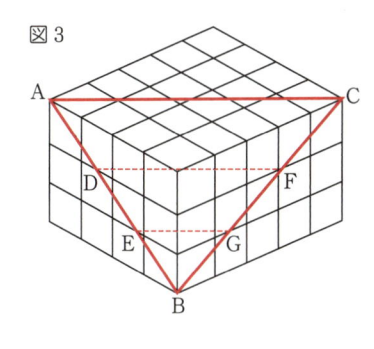

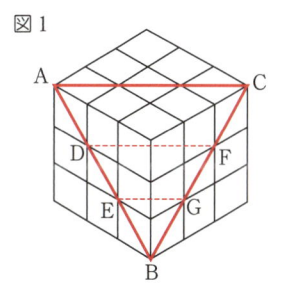

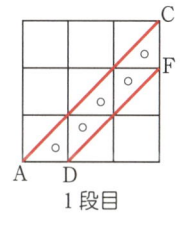

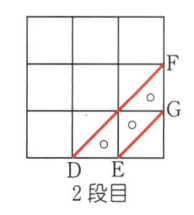

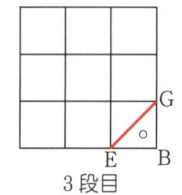

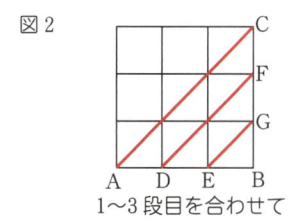

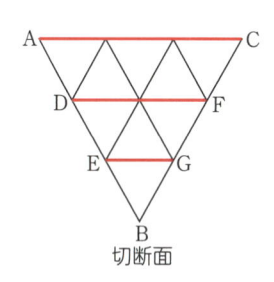

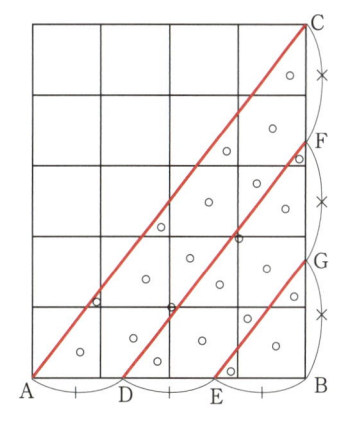

図3

78. 積んだ立方体を切る

1辺が 6cm の立方体を 4 個組合せた図形を面 ABC で切断するとき，D を含む立体の体積を求めよ．

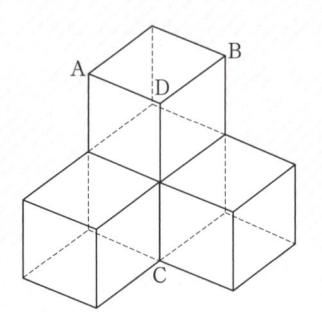

⚙ ヒント

基本となる考え方は，**68.** のポイント 1，ポイント 2 です．これを使えるようにしましょう．

💡 解答

上面と底面が平行なので，図 1 のように C を通り AB と平行な直線を引く．これを EF とする．

さらに，AE，BF が辺と交わる点を G，H とする．G，H は辺の真ん中の点．AC，BC と辺の交点を I，J とすると，図 2 のように G，I，J，H は一直線上にある．

求める立体（図 3 のアカ太線）を，三角すい C-ADB と「立方体から三角すい台を取り除いた立体」2 個に分ける（図 4）．

三角すい台（式の下のアカ線の立体図形）の体積は，三角すい（高さ 12cm）の体積を元にして，

$$6\times 6 \div 2 \times 12 \div 3 \times \left\{1-\left(\frac{1}{2}\right)^3\right\} = 63 \,(\text{cm}^3)$$

三角すいの相似比は 2:1

よって，求める立体の体積は，

$$6\times 6 \div 2 \times 12 \div 3 + (6\times 6\times 6 - 63)\times 2$$

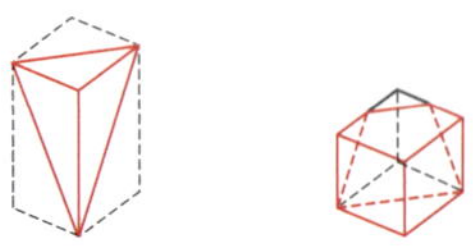

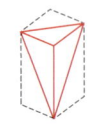

$$= 378 \,(\text{cm}^3)$$

図 1

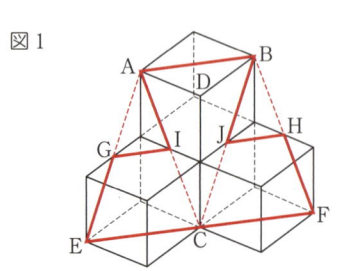

図 2

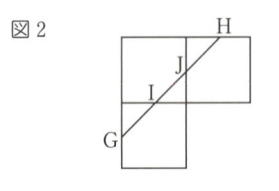

図 3

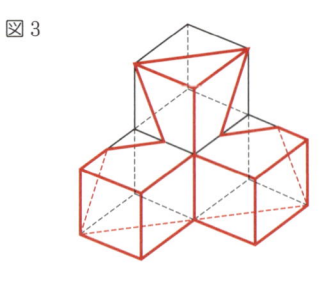

図 4

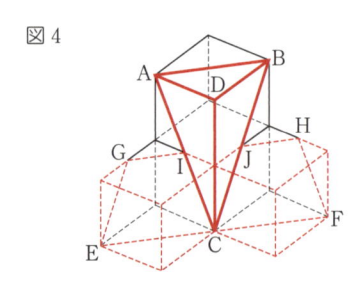

79. 水の深さ

(1) 円柱の形をした容器に水が入っている．この中に図1のような直方体のおもりを入れると，図2，図3のようになる．容器の底面積と水の量を求めよ．

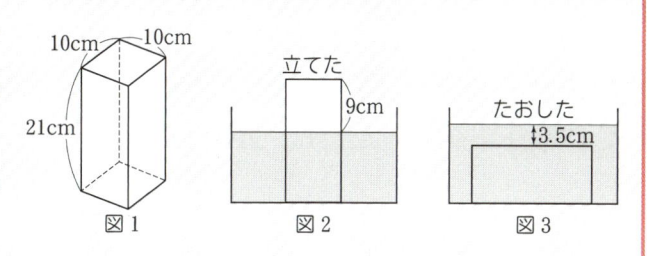

(2) 図4のように，円柱を重ねた形の容器に水が入っています．これを図5のように逆さにすると，水面の高さが6cm 上がりました．図4のときの水面は下からいくらですか．

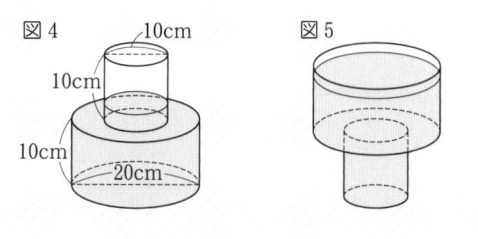

ヒント

(1) 水中に沈んだ部分の立体の体積と増えた水かさの体積が等しくなります（図6）．

(2) びんを逆さにする問題では，水が入っていない部分の体積に着目すると手際よく解けることが多いです．

解答

(1) 図2，図3の水の高さは，それぞれ，
　21−9＝12(cm)，10＋3.5＝13.5(cm)
　図2で水の外に出ていた部分が，図3では水の中に入るので，その分水かさが増す．容器の底面積を □ cm² とすると，
　　10×10×9＝□×(13.5−12)
　　□＝10×10×9÷1.5＝**600(cm²)**
　水の量は，(600−10×10)×12＝**6000(cm³)**

(2) 図4と図5で水が入っていない部分の底面積の比は，
　5×5×3.14 : 10×10×3.14＝①:④
　よって，水が入っていない部分の高さの比は，逆比をとって，ア:イ＝④:①
　④−①＝③ が 6cm にあたるので，①＝2，④＝8
　答えは，10＋10−8＝**12(cm)**

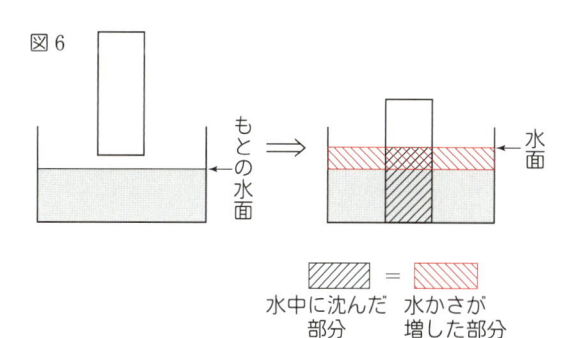

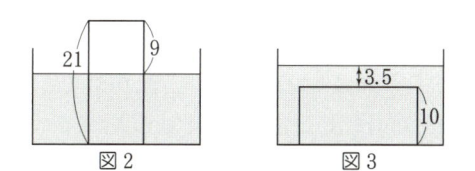

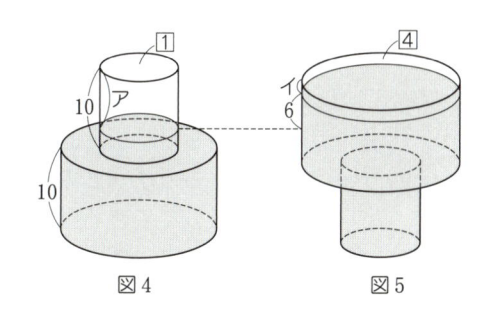

80. 立体を回転する

図のように，ABを軸にして，正八面体を回転させるとき，正八面体の面が通過する部分の体積を求めよ．ただし，AB=12cmとする．

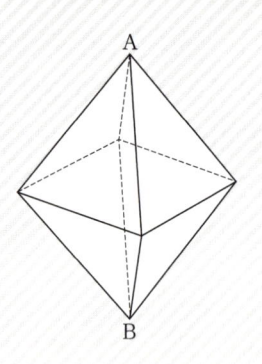

🔧 ヒント

ポイントは **46.** と同じです．

回転軸と垂直な平面での切断面を考え，軸から一番遠い点と一番近い点を捉えます．切断部分（図1では直線GH）が動く部分はドーナツ型（円から円をくり抜いた図形）になります．

また，正八面体が **65.** のように立方体に埋め込むことができることを用います．

図1

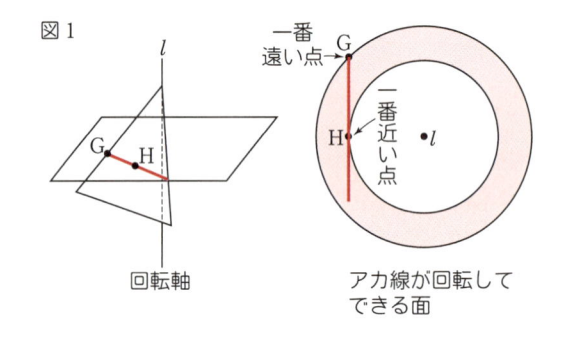

回転軸

アカ線が回転してできる面

💡 解答

正方形CDEFの周のうち，軸から一番遠い点は頂点（C，D，E，F）で，一番近い点は辺の真ん中の点である．

したがって，正方形CDEFの周をABを軸に1回転すると通過部分は図3のようなドーナツ型になる．

辺の真ん中の点と軸の距離を□とすると，正方形CDEFの面積は，□×□×4(cm²)

これが，12×12÷2=12×6(cm²) に等しく，
□×□×4=12×6　　□×□=18

正方形CDEFの通過部分の面積は，
(6×6−□×□)×3.14＝(36−18)×3.14
　　　　　　　　　＝18×3.14(cm²)

軸から一番遠い点を集めたものが正八面体の辺であり，一番近い点を集めたものが図2のアカ線になるので，正八面体を回転してできる回転体は図3のドーナツ型を底面としたすい体を2つあわせた図形であり（図4），

$$18×3.14×6÷3×2=\mathbf{226.08}\,(\mathrm{cm}^3)$$

図2

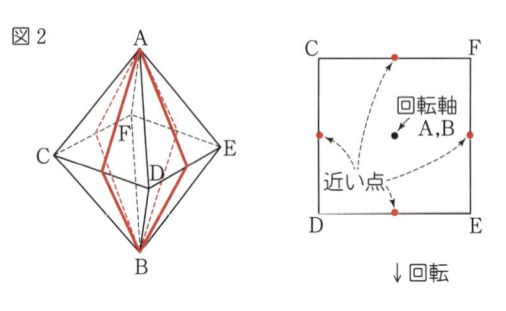

回転軸 A,B

近い点

↓回転

図3

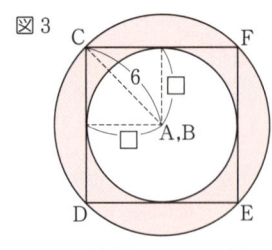

正方形CDEFの周の通過範囲

図4

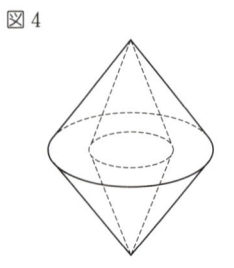

— 52 —

81. 立体の面上の最短距離

図のような正四角すいにおいて，A，D を頂点，B，C を図のように辺上にとる．折れ線の長さ AB+BC+CD が最小となるように B，C をとるとき，その最小値を求めよ．

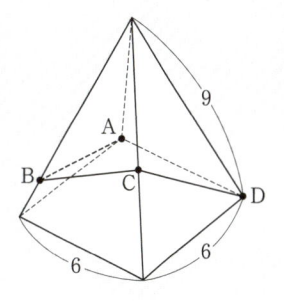

ヒント

立体の面上の 2 点を面上で結んだ折れ線の長さの最小値を求めるには，展開図上で 2 点を直線で結びます．

例えば，図 1 のように立方体の頂点 A，B を立方体の面上で結ぶ折れ線の長さが最小になるのは，展開図上で A，B を直線で結んだときです．

解答

図 2 のような正四角すいの展開図を考える．直線 AD と EF，EG の交点を，それぞれ H，I とする．A と D を結ぶ折れ線のうちで，一番距離が短いのは直線なので，

$$AB+BC+CD \geq AD$$

が成り立つ．

B が H に，C が I に重なるとき，折れ線の長さ AB+BC+CD が最小となる．最小値は AD の長さに等しい．

図 3 で ○ が同じ角度であることに着目すると，
三角形 AFH，三角形 EFG，三角形 EHI，三角形 DIG は相似である．

HF : AF = GF : EF　HF : 6 = 6 : 9 より，
HF = 6×6÷9 = 4
EH = EF − HF = 9 − 4 = 5
HI : EH = FG : EF　　HI : 5 = 6 : 9 より，
HI = 5×6÷9 = $3\frac{1}{3}$

最小値は，

AD = AH + HI + ID = 6 + $3\frac{1}{3}$ + 6 = **$15\frac{1}{3}$ (cm)**

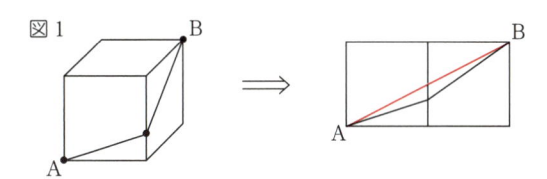

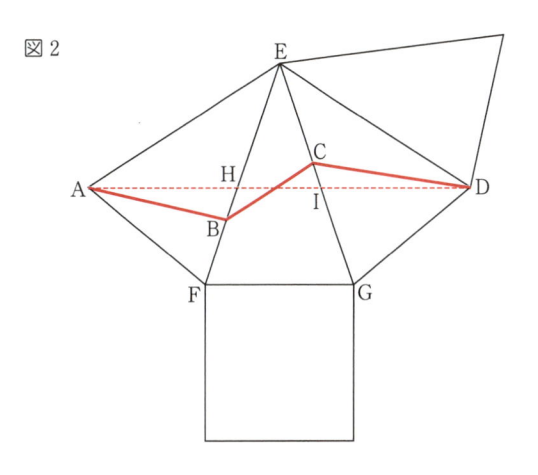

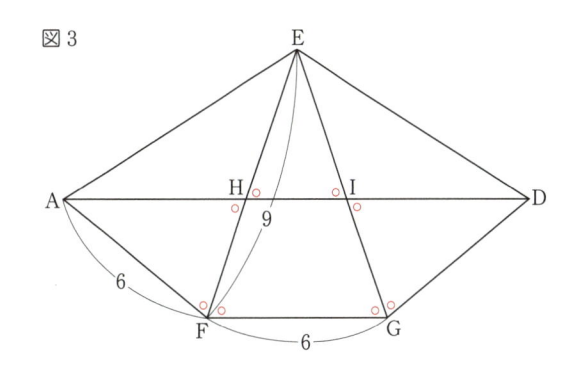

82. 立体の頂点，辺，面の数

（1） 正二十面体の頂点の個数，辺の本数を答えなさい．

（2） 図のように，各頂点について，辺の3等分点を結んでできる五角すいを切り落としてできる立体の頂点の個数，辺の本数，面の個数を求めなさい．

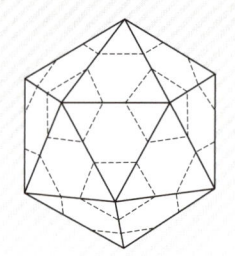

💡ヒント

正多面体には，右表の5個があります．面の数・面の形・頂点の周りの様子を覚えておき，辺の本数と頂点の個数は，ア，イを用いて計算で求めましょう．ウを用いて，頂点の個数を求めても構いません．

ア （辺の本数）＝（面の個数）×（面の形）÷2
イ （頂点の個数）＝（面の個数）×（面の形）
　　　　　　　÷（1頂点に集まる面の個数）
ウ （頂点の個数）－（辺の本数）＋（面の個数）＝2
　（ウについては，p.62 オイラーの公式参照）

面の個数	4	6	8	12	20
面の形	③	④	③	⑤	③
辺の本数	6	12	12	30	30
頂点の個数	4	8	6	20	12
頂点のようす	Y	Y	X	Y	✳
	正四面体	立方体	正八面体	正十二面体	正二十面体

💡解答

（1） 正二十面体の面の形は正三角形．

20個の正三角形を組み合わせて，正二十面体ができる．5個の正三角形の頂点が集まって，立体の1つの頂点ができるので（図1），立体の頂点の個数は，20×3÷5＝**12（個）**．

2本の辺が集まって，立体の辺ができるので（図2），辺の本数は，20×3÷2＝**30（本）**．

（2） 五角形の面は，頂点を切り落としたときにできるので，五角形は正二十面体の頂点の個数に等しく12個（図3）．元の正二十面体の正三角形は，切り落とした立体では正六角形になるので，六角形は20個．五角形12個，六角形20個を組み合わせて立体を作ることを考える．

3つの頂点を合わせて，立体の1個の頂点になるので（図4），立体の頂点の個数は，
　（5×12＋6×20）÷3＝**60（個）**

2つの辺を合わせて立体の1本の辺になるので（図5），辺の本数は，
　（5×12＋6×20）÷2＝**90（本）**

立体の面の個数は，12＋20＝**32（個）**

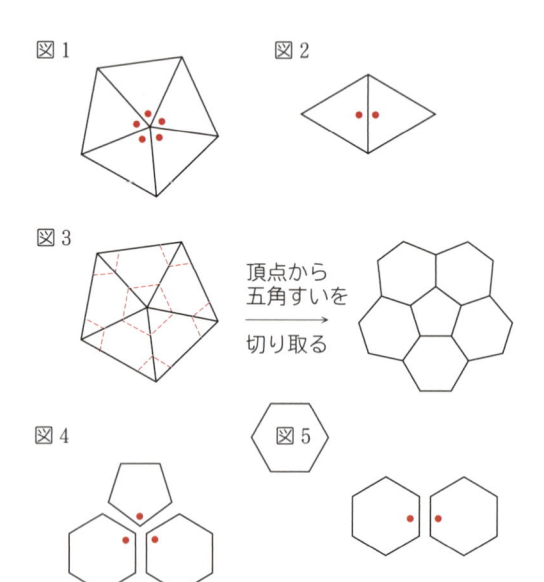

83. 平面で考える影

右図のように高さ 6m の街灯がある．
(1) 高さ 4m のポールの壁にできる影は地面から何 m の高さか．
(2) 1.5m の身長の人が毎秒 1.8m で走るとき，この人の頭の影の速さは毎秒いくらか．

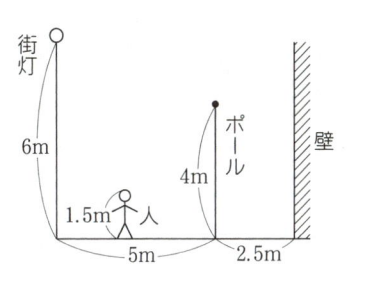

ヒント
(1) 壁にできる影の長さを求めるには，図1のように影の上の部分の三角形の相似を用います．
(2) 人が動くときの人の頭の影の速度を求めるには，図2のような1秒後までの図で三角形の相似を考えます．

解答
(1) 図3のアカ線の三角形の相似を用いて，
 　$(6-4):5 = ア:2.5$
 　$ア = (6-4) \times 2.5 \div 5 = 1$(m)
 　影の高さは，$4 - ア = \mathbf{3(m)}$

(2) 人が毎秒 1.8m で進むので，1秒後に進んだ人の位置を描き込むと，イの長さは 1.8m．
 　アカ線の三角形の相似を用いる．底辺の比と高さの比が等しいことから，
 　$ウ:イ = 6:(6-1.5)$
 　$ウ = イ \times 6 \div (6-1.5)$
 　　$= 1.8 \times 6 \div (6-1.5) = 2.4$(m)
 　したがって，影の速さは**毎秒 2.4(m)**

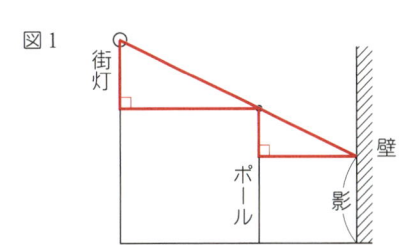

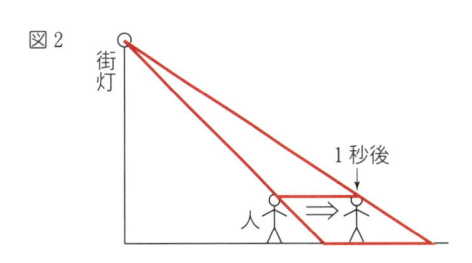

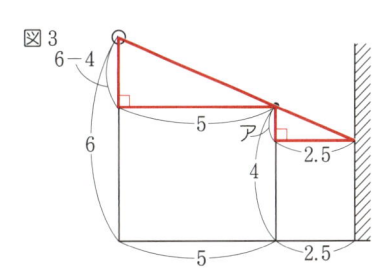

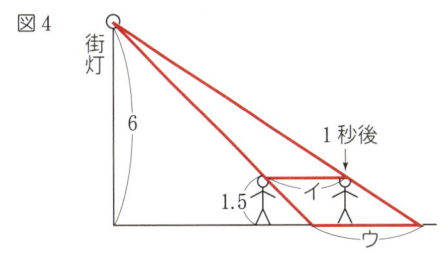

84. 平行光線による影

垂直に立てた 3m の棒の太陽光線による影が 4m になるとき，次の立体の影の面積を求めよ．

(1)

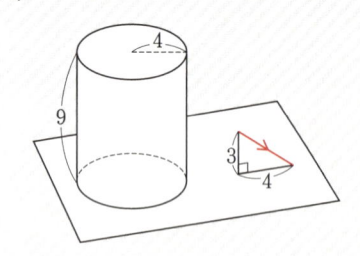

(2) 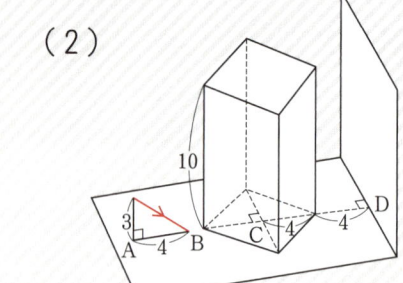 対角線の長さが 8 の正方形を底面に持つ直方体．AB と CD は平行．壁は地面に垂直．

💡ヒント

平行光線（太陽光線）によって水平な面に置かれた図形が水平な地面に作る影は，もとの図形に合同な図形になります（図1）．

一般に，平行光線によってできる図形の影は，図形を一方向に延ばしたり縮めたりした図形になります（図2）．

どちらも，ヨコから見た図を描くところがポイントです．

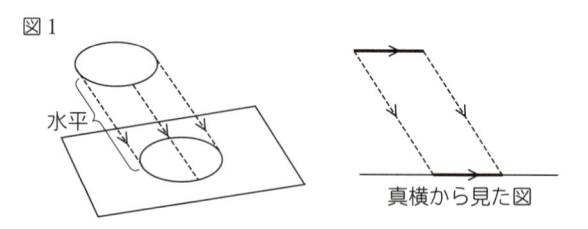

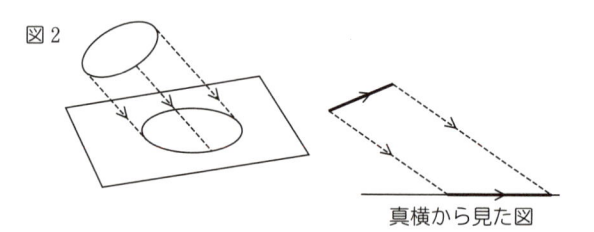

💡解答

(1) 図3のアカ線の三角形の相似より，
　　ア：9＝4：3　　ア＝9×4÷3＝12(m)
影の形を切り貼りすると，長方形になるので，影の面積は，8×12＝**96(m²)**

(2) 図4のアカ線の三角形の相似より，
　　イ：8＝3：4　　イ＝8×3÷4＝6(m)，
また，ウ＝3(m)，エ＝10－イ＝10－6＝4(m)
求める面積は，
　　8×8－8×8÷2÷2＋4×8＋8×3÷2
　　＝64－16＋32＋12＝**92(m²)**

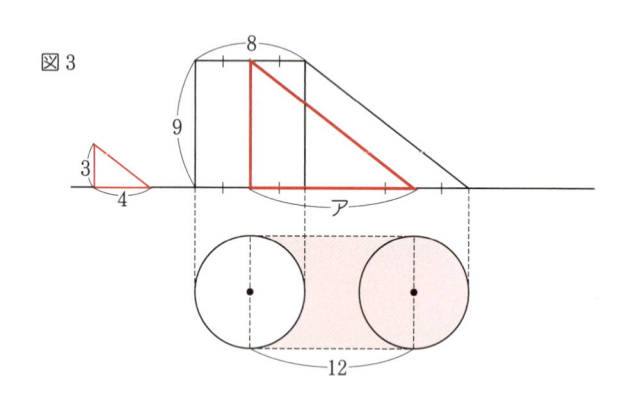

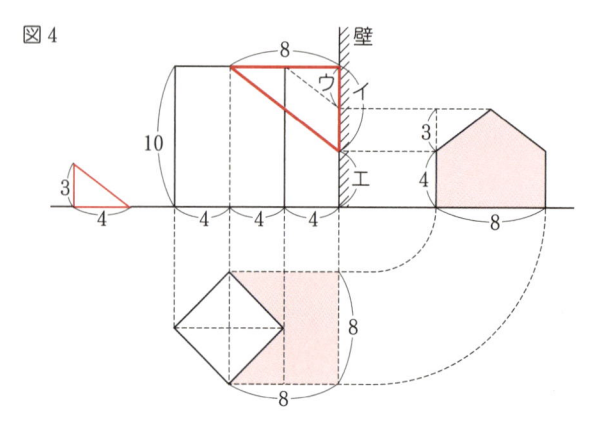

85. 相似拡大

右の方眼紙に描かれた三角形 ABC を P に関して 3 倍に相似拡大した図形を描け.

対応する図形を三角形 A'B'C' とする. 四角形 AA'B'B の面積を求めよ.

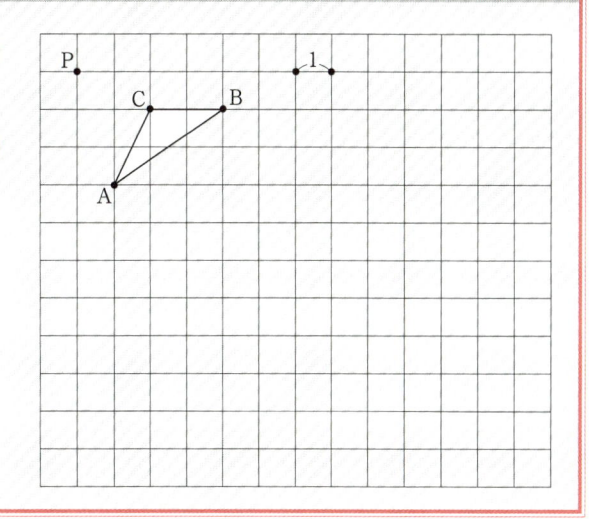

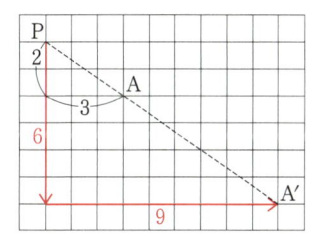

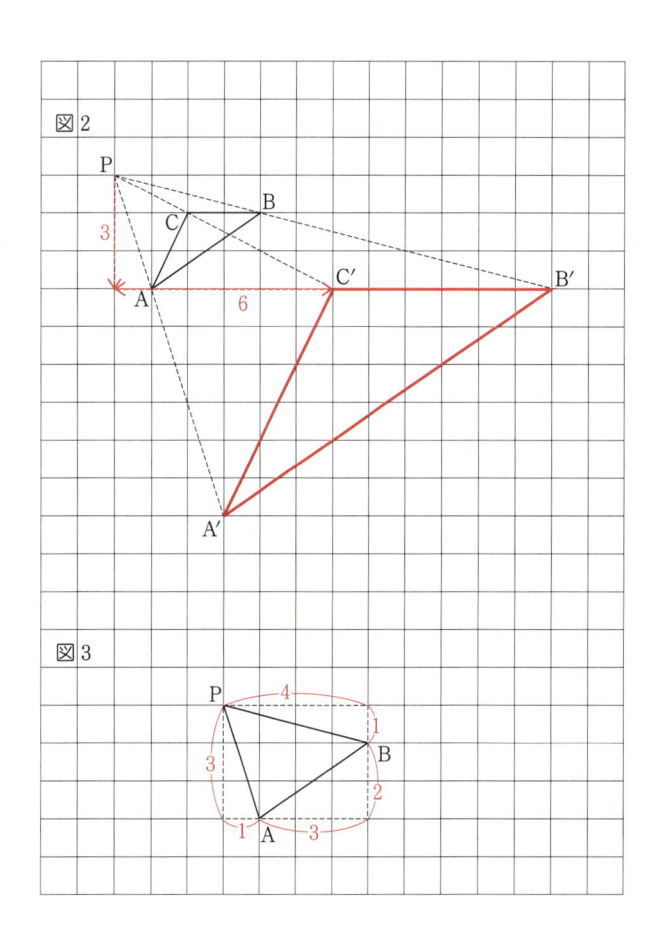

点光源による影を求めるときは，相似拡大を用いることが多いので，平面図形の問題ですが，相似拡大を確認しておきましょう.

💡 ヒント

相似拡大した点を取るときは，方眼紙に補助の直角三角形を意識して点を取るようにします.

図 1 で，A を P に関して 3 倍に相似拡大した点を取るのであれば，A は，P から下へ 2，右に 3 だけ進んだ点なので，これに対応する点 A' は P から下へ $2 \times 3 = 6$，右に $3 \times 3 = 9$ だけ進んだ点です.

面積を求めるときは，相似の性質を用いるなどして求めましょう.

💡 解答

C は下へ 1，右へ 2 進んだ点なので，C' は下へ $1 \times 3 = 3$，右へ $2 \times 3 = 6$ 進んだ点である. $CB = 2$ より，$C'B' = 2 \times 3 = 6$. これから B' を割り出す.

ここで，三角形 PAB の面積を求める（図 3）.
$3 \times 4 - 1 \times 3 \div 2 - 4 \times 1 \div 2 - 3 \times 2 \div 2 = 5.5 \text{ (cm}^2)$

三角形 PAB と三角形 PA'B' が相似比 1：3 であることを用いて，求める面積は，

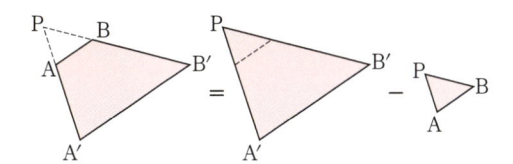

= 三角形 PAB × 3 × 3 − 三角形 PAB
= 三角形 PAB × (3 × 3 − 1) = 5.5 × 8 = **44 (cm²)**

86. 点光源による影

右図の方眼紙の P の位置の高さ 6cm のところに点光源を置く．底面が 2cm×3cm の長方形で高さが 4cm の直方体を四角形 ABCD に底面が重なるように置く．

このとき，光源によって方眼紙にできる影を描き，その面積を求めよ．

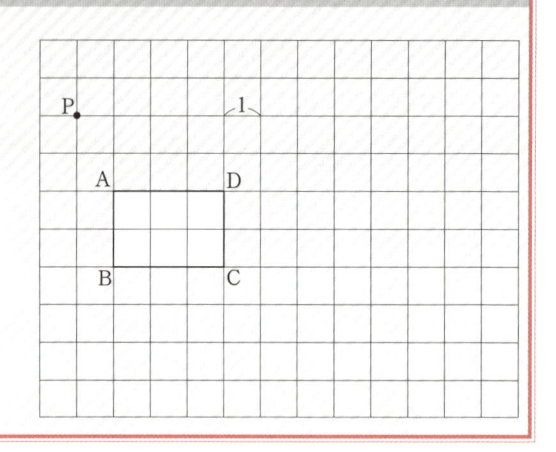

💡 ヒント

点光源による地面に平行な面の影を真上から見ると，点光源を相似の中心として，もとの図形と相似な図形になります（図1）．点光源の高さと図形の高さから，拡大の倍率を計算します（図2）．**83.** のようにヨコから見たときの相似に注目します．図2では，倍率はイ÷ア（倍）になります．

💡 解答

図3のように，P の真上にある点光源によって，B の真上にある直方体の頂点 E の影は B′ になる．
アカ網と太線の三角形の相似を考えて，
　　PB：PB′＝FE：PB′＝(6−4)：6＝1：3
そこで，図4のように，長方形 ABCD を P に関して 3 倍の相似拡大をする．
［6÷ウ＝6÷(6−4)＝3(倍) としてもよい］

相似拡大で，A，B，C，D に対応する点を A′，B′，C′，D′ とする．すると，影は図4のアカ網部分である．

四角形 PBCD と四角形 PB′C′D′ の相似比が 1：3 であることを用いて，

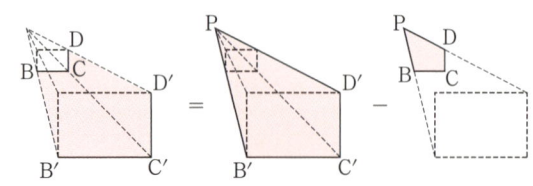

＝四角形 PBCD×3×3−四角形 PBCD
＝四角形 PBCD×(3×3−1)
＝(3×4÷2＋2×4÷2)×8
＝**80 (cm²)**

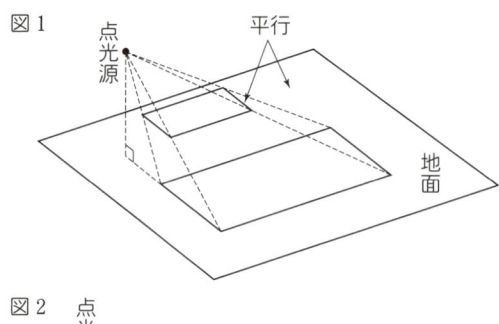

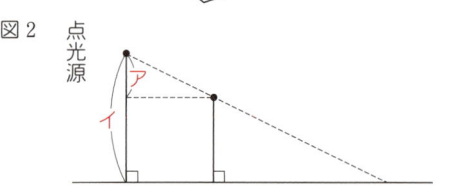

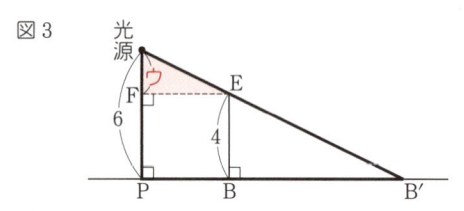

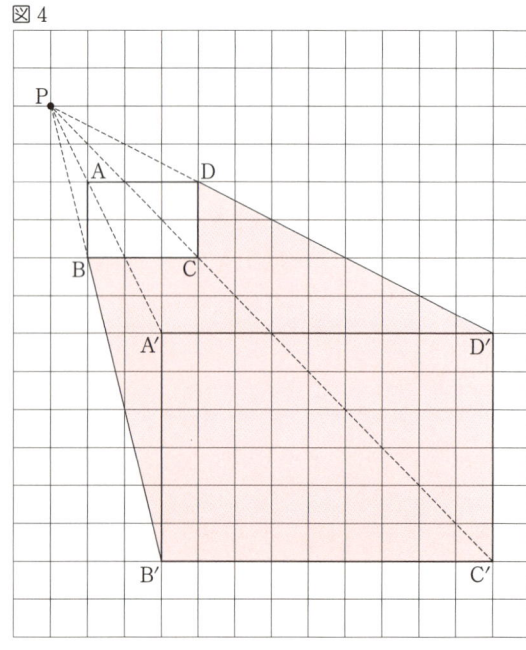

87. 影が動く

長方形 ABCD の敷地の周囲に 2m の垂直のへいが建っている．敷地の中を 3m の街灯が動くとき，へいの影の通過範囲の面積を求めよ．

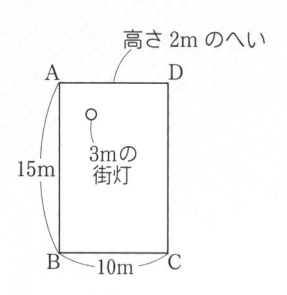

🔧 ヒント

影が動く問題には，点光源が動く場合と，影を作る立体が動く場合の 2 つがあります．

点光源が高さを変えずに動く場合は，相似拡大の倍率が一定になることを意識しましょう．点光源が直線に沿って動くときは，影も直線に沿って動きます．

💡 解答

図 1 のように考えると，
$$PQ : PR = P'Q' : PR = (3-2) : 3$$
となるので，街灯を止めたときのへいの影の境界線は，長方形 ABCD を街灯を中心として 3 倍の相似拡大をした図形である．

A，B，C，D を相似の中心として長方形 ABCD を 3 倍に相似拡大した図を書くと図 2 のようになる．

影の通過範囲は図 2 のアミ網部のようになる．
影の通過範囲は，
たて $15 \times 3 \times 2 - 15 = 75$ (m)，
よこ $10 \times 3 \times 2 - 10 = 50$ (m)
の長方形になるので，通過範囲の面積は，
$$75 \times 50 - 15 \times 10 = \mathbf{3600 \, (m^2)}$$

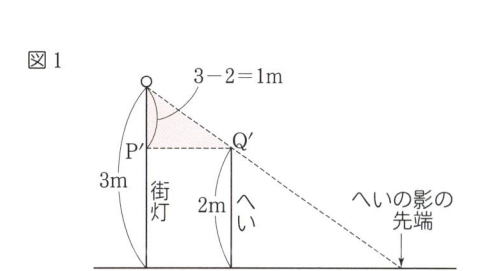

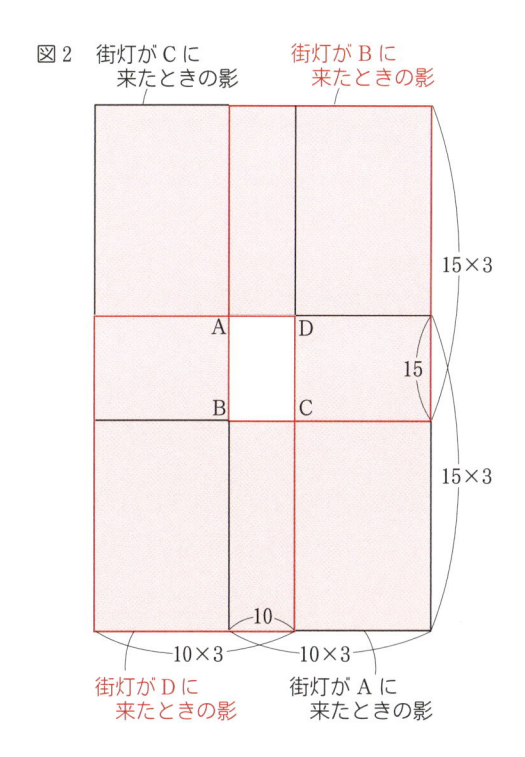

88. 立体の等積変形

1辺が6cmの立方体に図のようにA，B，C，Dを取る．三角すいABCDの体積を求めよ．

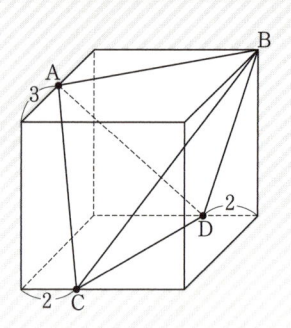

🛠 ヒント

平面図形で三角形の等積変形をしたように，立体図形でも三角すいの等積変形を用いることができます．底面に対して，高さが一定であれば体積も一定です．つまり，底面を含む平面と平行な直線上（直線ABは平面に平行）を頂点が動くとき，体積は変わりません．

「平面と直線が平行である」とは，平面や直線をいくら延ばしても交わらないことを表しています．

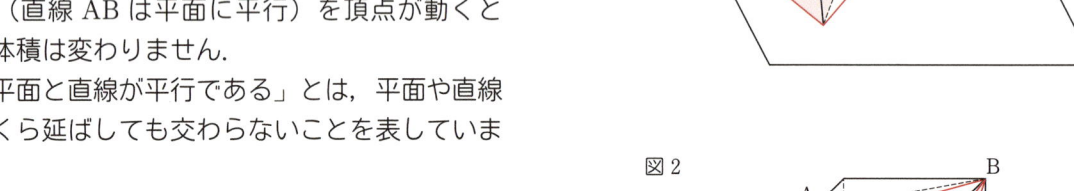

💡 解答

図2，図3のようにA，Bを通ってCDと平行な直線を引き，辺との交点をE，Fとする．

AEは図2のアカ網の三角形と平行なので，
　　三角すい A–BCD＝三角すい E–BCD
BFは図3のアカ網の三角形と平行なので，
　　三角すい B–CDE＝三角すい F–CDE
これより，
　　三角すい A–BCD＝三角すい F–CDE
三角すい D–CEF の体積を求めればよい．
面EFCを底面と見て体積を計算する．
図4の網目の三角形で，CF：FD＝1：3なので，

$$EG = AG \times \frac{1}{3} = 3 \times \frac{1}{3} = 1 \text{(cm)},$$

$$FH = BH \times \frac{1}{3} = 6 \times \frac{1}{3} = 2 \text{(cm)}$$

$$EF = GH + EG - FH = 6 + 1 - 2 = 5 \text{(cm)}$$

これより，

　　三角すい D–CEF＝5×6÷2×6÷3＝**30 (cm³)**

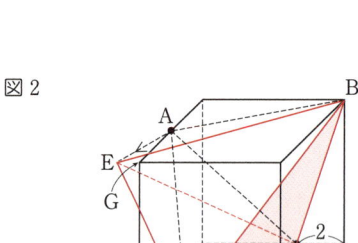

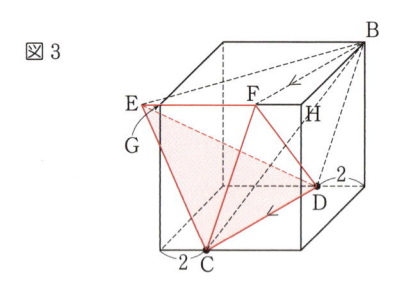

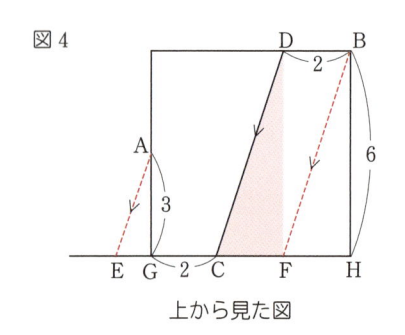

図1

図2

図3

図4

上から見た図

補遺

57 の補足

図1のような正三角形が敷き詰められた平面で勝手に2つの正三角形を選びます．その正三角形をア，イとします．アからイまで正四面体を転がすとき，アで下にして置かれた面が定まっていれば，転がす道順によらずイで下になる面が1つに定まることを説明します．

図1

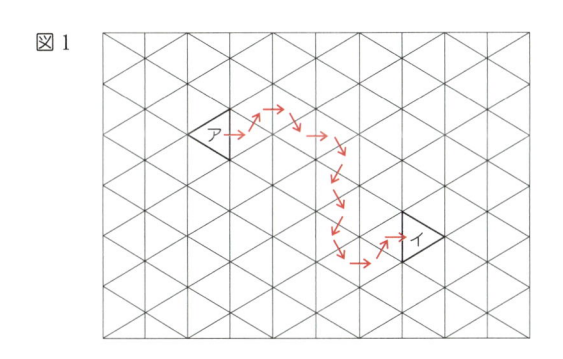

図2のようにウで1の面を下にして置かれた正四面体が，点Aの周りを1周すると，Aの周りの正三角形では 1→2→3→1→2→3→1 と再び1の面が下になります．

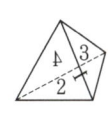

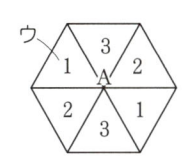

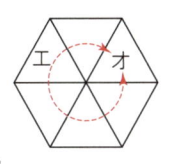

図2
下になる面を書き込んだ

このことから，Aの周りの2つの正三角形を選んで，一方(エ)から他方(オ)へ正四面体を転がすとき，右回りでも左回りでもオでの下の面は同じになります．

このことを用いるとアからイへ行く道順で，Bを左から回り込む①とBを右から回り込む②では，イでの下の面が同じになることがわかります．つまり，①の道順を②の道順に変形しても，イの下の面は変わらないわけです．

図3

アからイへ行く道順③，④があるとき，①から②で行ったような道順の変形を繰り返すと，③の道順から④の道順を作ることができます．1回ごとの道順の変形でイの下の面は変わりませんから，③の道順と④の道順ではイで下にくる面が同じになります．

66 の補足

対称な図形の回転体について体積を求めるとき，速算法として使える公式があります．

> **― パップス・ギュルダンの公式 ―**
>
> 線対称な図形を対称軸と回転軸 l が平行になるように回転する．また，点対称な図形を回転軸 l に沿って回転する．図形の面積を S，対称軸と回転軸 l の距離，また点対称の中心と回転軸 l との距離を a とするとき，回転体の体積 V は，
>
> $$V = 2 \times a \times (円周率) \times S$$

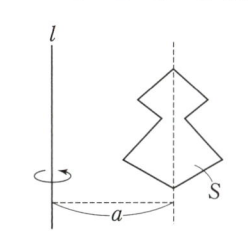

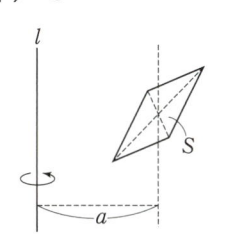

$2 \times a \times$(円周率) は，対称軸または対称の中心の移動距離になっていることを覚えておくと，センターラインの公式を拡張した公式であると見ることができます．問題で確認してみましょう．

なお，回転する図形が回転軸 l と重なるときは，この公式はこのままでは使えません．66.(2)のような考察が必要です．

問題　次の回転体の体積を求めよ．

(1), (2), (3) 図

解答

(1)　$2 \times 8 \times 3.14 \times (8 \times 10 \div 2) = \mathbf{2009.6}$ (cm³)

(2)　$2 \times 8 \times 3.14 \times (8 \times 6) = \mathbf{2411.52}$ (cm³)

(3)　2つの直角二等辺三角形に分けて考えます．
$2 \times 4 \times 3.14 \times (8 \times 4 \div 2)$
$+ 2 \times 6 \times 3.14 \times (4 \times 2 \div 2) = \mathbf{552.64}$ (cm³)

82 の補足

穴の開いていない立体について，

オイラーの公式
(頂点の個数) − (辺の本数) + (面の個数) = 2
　　　　　　　　　　　　　　…………①

が成り立つことを示します．

立体から1面を勝手に選びます（下図のアカ線）．その1面を取り除き，辺の長さを適当に収縮させて，平面に入るようにします．新しくできた平面図形は多角形が辺どうしで接している図形です．

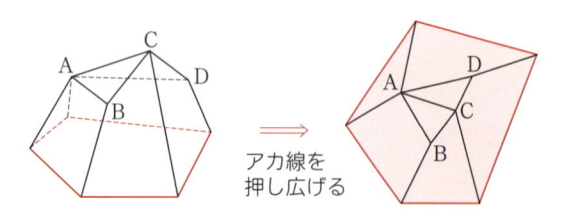

新しい平面図形ではもとの立体と比べて，頂点の個数，辺の本数は変わらず，面の個数は1個減ります．

よって，平面に落とし込んだ図形で，つねに

(頂点の個数) − (辺の本数) + (面の個数) = 1
　　　　　　　　　　　　　　……②

が成り立っていることを示せば，元の立体で①が成り立つことを示したことになります．

平面図形から周囲の辺を取り除いていくとき，頂点の個数，辺の本数，面の個数の変化を調べて，②の左辺の式の値が変化するか否かを調べてみましょう．

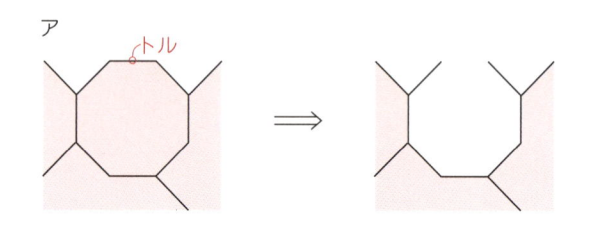

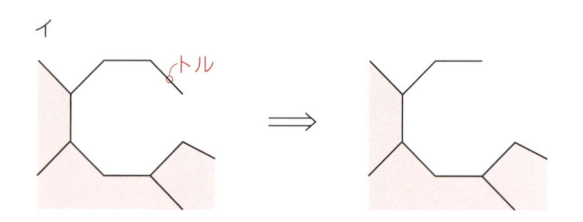

ア

イ

アのように多角形が崩れるとき，頂点の個数は変化なし，辺の本数は1減りますが，面の個数も1減るので，②の左辺の値は変わりません．

また，イのように辺を取り除いてひげを短くする場合は，頂点の個数，辺の本数がともに1個減り，面の個数は変わりませんから，やはり②の左辺の値は変わりません．

辺を取り除いていくことを繰り返すと，しまいには1本の辺だけにすることができます．1本の辺だけのとき，頂点の個数は2個，辺の本数は1個，面の個数は0個ですから，②の左辺の値は2−1+0=1です．辺を取り除く操作で②の左辺の式の値は変わりませんから，初めの平面図形に関する②の左辺の値は1です．つまり，②が成り立つことがわかります．

したがって，もとの立体図形でつねに①が成り立っています．

あとがき

　あまりに画期的な本ができてしまったことに自分でも驚いています．この本を完璧に学習することができれば，たとえ入試会場であっても，まるで居合い抜き（表紙参照）でもするかのように，図形の問題をバッサバッサと斬っていくことができるようになっていることでしょう．

　ただ1つ私が心配しているのは，あまりこのカードを使いすぎると，みなさんの思考がパターン化，硬直化してしまうかもしれないということです．いわば，頭が固くなってしまうのです．この本は，図形の問題を解くときの型を身に付けるための本ですから，致し方ない面もあります．もっとも，このような心配が現実のものとなるまで，本書を使い込んでいただければ，作者としてはうれしい限りですが……．

　では，硬くなってしまった頭を柔らかくするためには，どのように対処したらよいでしょうか．

　古来より，技芸の上達には，「守・破・離」と3つの段階があると言われてきました．「守」とは，基本に忠実に型を守り，決められた通りの型を覚える段階のことです．「破」とは，「守」で学んだ型を実践の場面で応用して行く段階のことです．「離」とは，型に囚われない自由な境地に達する段階です．型から離れ，自由に自分なりの型を創造していくのです．「守」「破」の段階までは，先人の物まねをしていればよいのですが，「離」の段階では自ずと独創性が出てくると言えます．

　この本の学習カードで言えば，A，Bの記号の付いたカードが「守」，C，Dの記号の付いたカードが「破」の段階に対応しています．

　中学受験の入試問題を解くためには，ここまでで十二分にお釣りが来ます．出題者の方も，高々60分の試験で受験生のオリジナリティを量ろうとは考えていません．実際，量れるわけもないのです．

　「守・破・離」の「離」に，硬くなってしまった頭を柔らかくするヒントがあります．

　図形問題を解くことに「守・破・離」を当てはめるとき，「離」の実践とは，具体的にどのようにすればよいのでしょうか．

　その1つは，別解を考えることです．あえてカードに書かれている解答とは異なる筋の別解を考えてみるのです．別解が見つからなくても構いません．別解を見つけようと頭を働かすことが大切です．そうすることで，偏った思考が中立の位置に戻り，柔らかさを取り戻します．思考をニュートラルな位置に保つことで，さまざまな構図の問題に対して柔軟な対応をすることができるようになります．

　「離」の実践のもう1つは，問題を作ることです．初めは，それこそ型どおりの問題，型を意識した問題しか作ることができないかもしれません．しかし，型を組み合わせながらでもコツコツと作り続けるうちに，今までにはなかったような新しい型を自ら見出すようになってきます．これが型から離れた「離」の瞬間です．このとき，図形問題を解くことの奥義に近づいたと言えるでしょう．

別解を考えることや問題を作ることで，図形問題という技芸の「離」の境地に達することができる，と私は考えます．が，実のところ私もその境地までは到底達しておりません．道は長く，ゴールは見えないものです．まだまだです．

　みなさんには，まず，この本で「守」「破」の域に達してもらい，中学入試を見事に突破することができる，図形問題を解く力を養っていただきたいと願っています．

　これから多くの出版社が，この本の企画を真似してくることでしょう．私の方は，後追いの本に負けないような，よりよい本を作り込みつつ，「離」の境地を目指し精進努力していく所存です．

石井俊全　拝

中学入試
カードで鍛える　図形の必勝手筋
動く図形・立体図形　編

平成26年 2月10日　第1刷発行
令和 6年10月25日　第8刷発行

編　者　東京出版編集部
発行者　黒木憲太郎
発行所　株式会社　東京出版
　　　　〒150-0012　東京都渋谷区広尾3-12-7
　　　　電話 03-3407-3387　振替 00160-7-5286
　　　　https://www.tokyo-s.jp/

整版所　錦美堂整版
印刷・製本　日経印刷

Ⓒ Tokyo shuppan 2014 Printed in Japan
ISBN978-4-88742-204-9

45-1 難易度 A

おうぎ形 OAB が図のように直線にそって 4 だけ移動する．このとき，弧 AB の通過した部分の面積を求めよ．

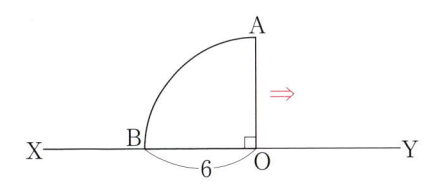

45-2 難易度 C

1辺が1の小立方体アと1辺が3の立方体イがある．初めアの中心を A におき，右下図のようにする．小立方体アの向きを変えずに，小立方体アの中心を矢印に沿って動かして1周するとき，小立方体アの通過する部分の体積を求めよ．

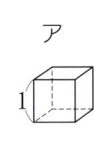

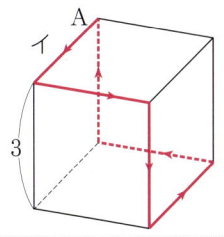

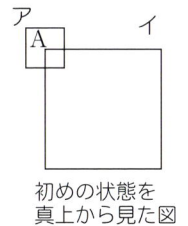

初めの状態を真上から見た図

45-3 難易度 B

円すいを立てたまま10動かしたとき，初めと終わりの円すいを含めて，この円すいが動いた部分の体積を求めよ．

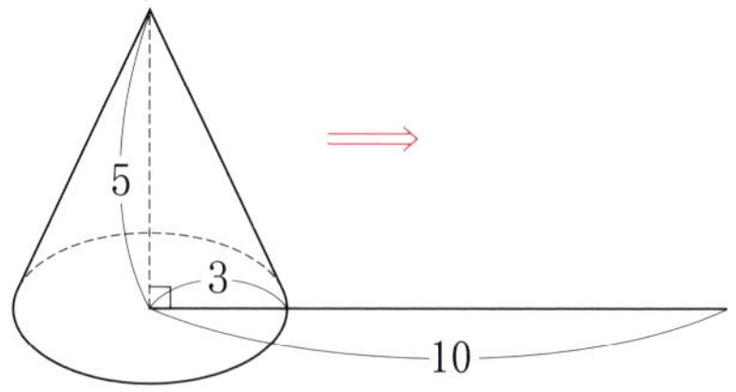

45-4 難易度 D

円すいの底面と長方形が重なるように，円すいの底面の中心を長方形に沿って動かすとき，円すいが通ってできる立体の体積を求めよ．

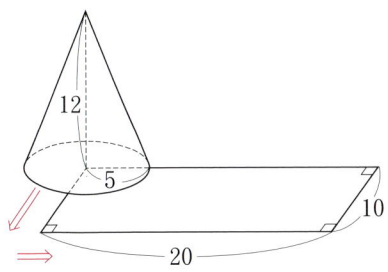

45-5 難易度 B

1辺が1の立方体を7個つなげた立体（図1）を1辺が4の立方体の中を向きを変えずに動かす．立体の通過部分の体積を求めよ．

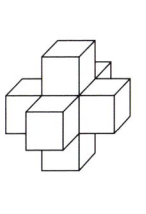

図1 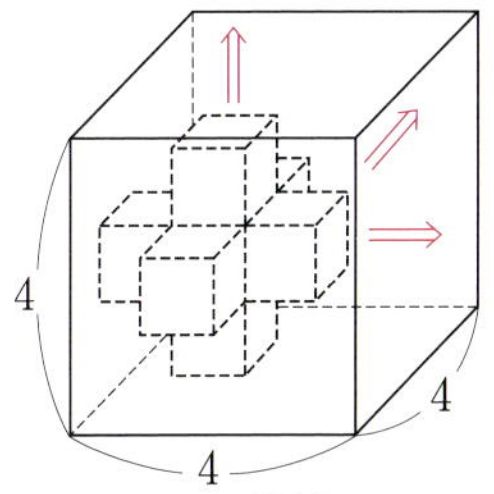　図2

45-6 難易度 B

三角形 ABC（面積120）のシールを A から D の方向に向って平らな面からはがしていく．はがしたシールの部分はつねに面に垂直であるものとする．シールを全てはがし終わるまでにシールが通過する部分の体積を求めよ．

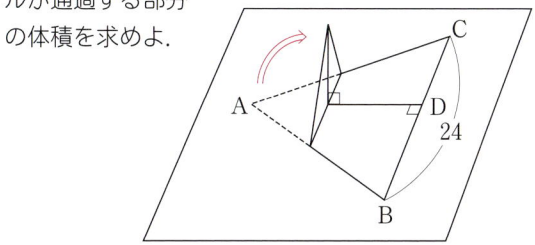

46-1 難易度 A

直角三角形を A のまわりに 270 度回転した図．アカ網部の面積を求めよ．

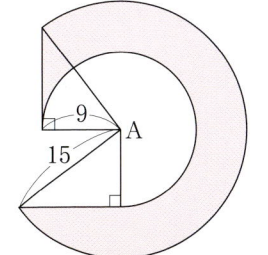

46-2 難易度 A

三角形 ABP を P を中心に 120° 回転したとき，辺 AB の通過する部分の面積を求めよ．

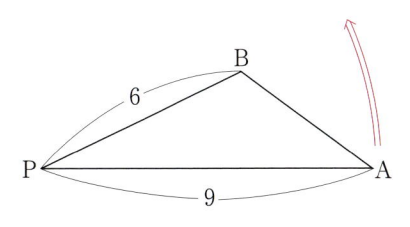

46-3 難易度 B

正方形を O を中心に 90 度回転させる．このとき，辺 AB の通る面積を求めよ．

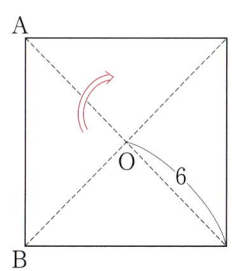

45-1

（幅）×（移動距離）
$= 6 \times 4 = $ **24**

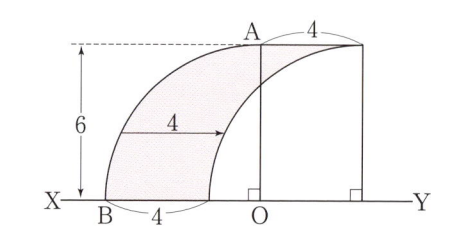

45-2

アカ網部の体積は，底面が1の正方形で高さ3の直方体の3個分で，
$(1 \times 1 \times 3) \times 3 = 9$
求める体積は，これの2倍で
$9 \times 2 = $ **18**

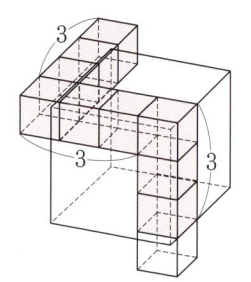

45-3

（三角柱）＋（円すい1個分）

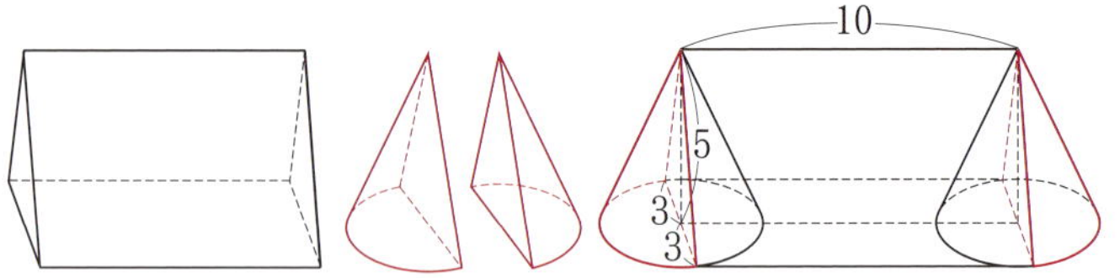

$= 6 \times 5 \div 2 \times 10$
$\quad + 3 \times 3 \times 3.14 \times 5 \times \dfrac{1}{3}$
$= 150 + 47.1 = $ **197.1**

45-4

円すいの通過部分は，右図の太線の立体．
このうち，直方体 PQRS–ABCD の外側は，三角柱4つと四分円すい4つからなり，直方体の内側は，直方体からアカ網部の三角形を底面とする断頭三角柱を除いたものである．

$(5 \times 12 \div 2) \times (10 + 20) \times 2$
$+ (5 \times 5 \times 3.14) \times 12 \div 3 + 10 \times 20 \times 12$
$- (10 \times 12 \div 2) \times (20 + 20 + 10) \div 3$
$= $ **3514**

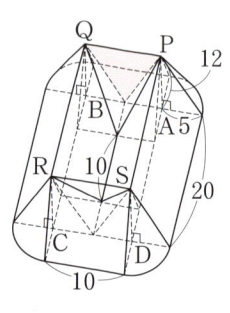

45-5

各段の通過部分は，下図のアカ網部となる．

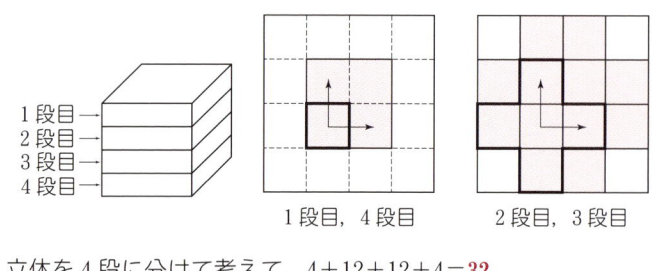

立体を4段に分けて考えて，$4 + 12 + 12 + 4 = $ **32**

45-6

$AD = 120 \times 2 \div 24 = 10 \qquad A'D = AD = 10$
通過部分は三角すい A'–ABC で，$120 \times 10 \div 3 = $ **400**

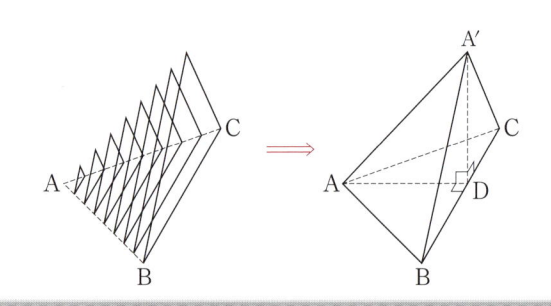

46-1

求める面積は，
$15 \times 15 \times 3.14 \times \dfrac{270°}{360°}$
$\quad - 9 \times 9 \times 3.14 \times \dfrac{270°}{360°}$
$= (225 - 81) \times 3.14 \times \dfrac{3}{4}$
$= $ **339.12**

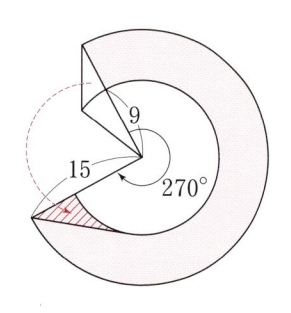

46-2

$9 \times 9 \times 3.14 \times \dfrac{120°}{360°}$
$\quad - 6 \times 6 \times 3.14 \times \dfrac{120°}{360°}$
$= 27 \times 3.14 - 12 \times 3.14$
$= 15 \times 3.14$
$= $ **47.1**

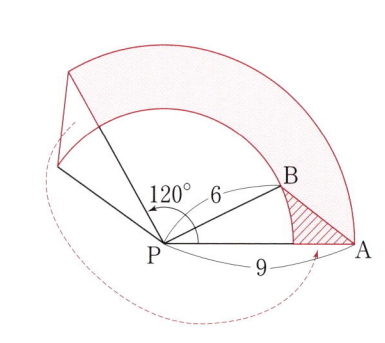

46-3

正方形 ACOD の面積を2通りに計算して
$a \times a = 6 \times 6 \div 2 = 18$
求める面積は，
$\underline{6 \times 6 \times 3.14 \div 2 - 12 \times 6 \div 2}_{ア}$
$\underline{+ 6 \times 6 \div 2 - 18 \times 3.14 \div 4}_{イ} = $ **24.39**

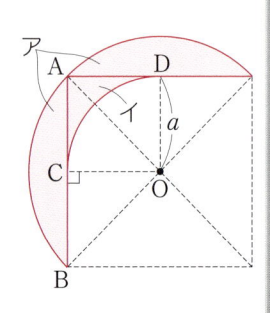

46-4 難易度 A
半円を組み合わせた図形．A を中心に 60°回転したとき，この図形が通過した部分の面積を求めよ．

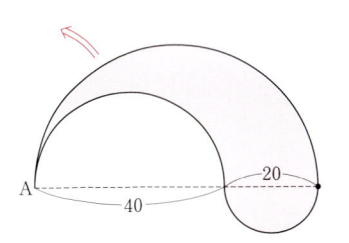

46-5 難易度 A
A を中心に半円を 1 回転させるとき，半円が通過する部分の面積を求めよ．ただし，円周率は 3 で計算せよ．

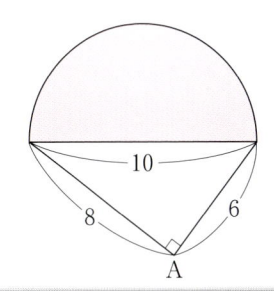

46-6 難易度 B
P が半円周 AB 上を B から A まで動く．Q は，P の動きにつれて，三角形 APQ が正三角形となるように動く．Q が動いた道のりはいくらか．

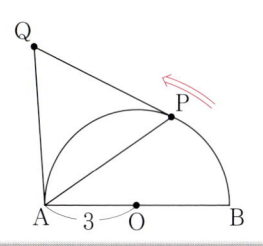

47-1 難易度 A
棒 AB が図の位置から同じ向きのまま円板のふちに沿って円板の外側をひと回りするとき，棒が動いてできる図形の面積を求めよ．

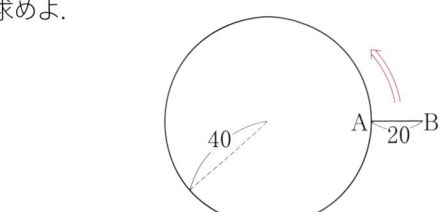

47-2 難易度 A
長さ 30 の 2 本の棒 l, m が N でつながっている．M を固定し，l は常に PQ に平行になるように動かす．N が長方形 PQRS の内部にあるとき l が動きうる範囲の面積を求めよ．

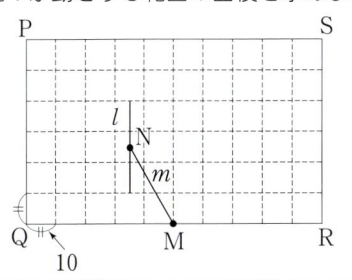

47-3 難易度 C
AB＝AC＝8 の直角二等辺三角形の内部を対角線の長さが 1 の正方形が三角形の辺に触れながら向きを変えずに動く．このとき，正方形が通過する部分の面積を求めよ．

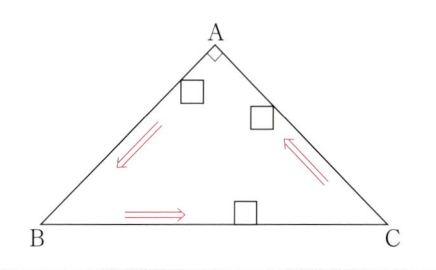

47-4 難易度 D
半円の直径が BC に平行な状態を保って，三角形 ABC の外側で三角形 ABC と 1 つの点だけで触れるようにして 1 周する．直径が 2 の半円の通過範囲の面積を求めよ．

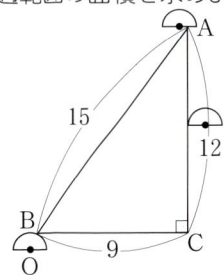

47-5 難易度 C
半径が 90 の円の周りを一辺の長さが 40 の正方形が向きを変えずに 1 点で触れながら 1 周する．正方形の対角線の交点 P が描く長さを求めよ．

47-6 難易度 A
円の周りを正三角形が円にぴったりくっついたまま向きを変えずに 1 周する．点 A の動いた距離を求めよ．

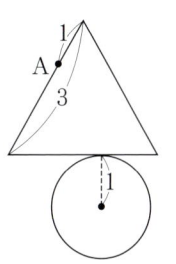

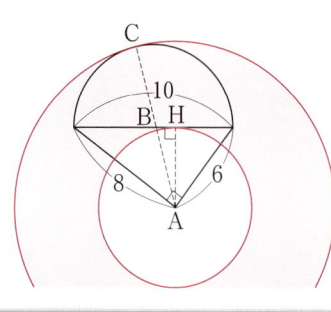

46-6

三角形 APQ が，AP の左上にできた正三角形なので，点 Q は，A を中心として P を左回りに 60 度回転した点である（図 1）．
これより，点 Q は点 A を中心として半円の弧 AB を左回りに 60 度回転した半円周上を動く（図 2）．
　答えは，$(3×2)×3.14÷2 = $ **9.42**

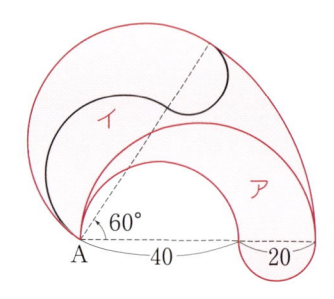

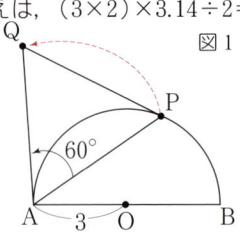

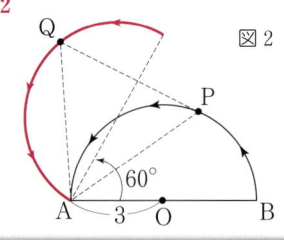

46-5

直角三角形の斜辺の中点（B）と頂点（A）を結んだ直線の長さは斜辺の半分の長さになることにより，AB＝5
　A から一番遠い点は C で，
　AC＝AB＋BC＝5＋5＝10
　A から一番近い点は H で，
　AH＝6×8÷10＝4.8
求める面積は，
　$(10×10 − 4.8×4.8) × 3$
　$=$ **230.88**

46-4

$30×30×3.14÷2 + 10×10×3.14÷2$
$− 20×20×3.14÷2$　　ア：回転する図形の面積
$+ 60×60×3.14 × \dfrac{60°}{360°}$　　イ：半径 30 の半円弧の通過部分
$= (450 + 50 − 200 + 600) × 3.14$
$=$ **2826**

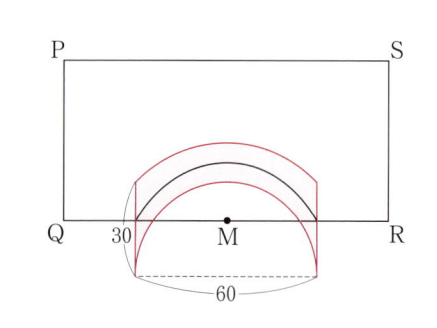

47-3

T_1，T_2，T_3 の面積は，正方形の面積のそれぞれ $\dfrac{1}{4}$，$\dfrac{1}{2}$，$\dfrac{1}{2}$．
求める面積は，$\triangle ABC − (T_1+T_2+T_3) − T_4$
$= 8×8÷2 − 1×1÷2×\left(\dfrac{1}{4}+\dfrac{1}{2}×2\right) − 5×5÷2$
$= 32 − \dfrac{5}{8} − 12\dfrac{1}{2} = $ **$18\dfrac{7}{8}$**

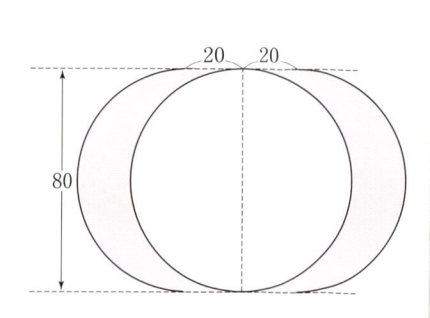

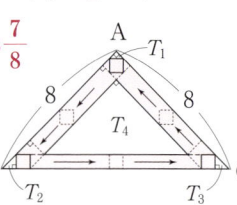

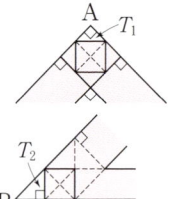

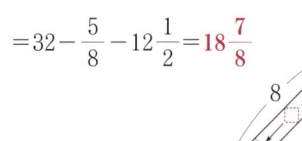

47-2

（幅）×（通過距離）
$= 30×60 = $ **1800**

47-1

アカ網部の 1 つは，
　（幅）×（通過距離）
　$= 20×80$
求める面積は，
　$20×80×2 = $ **3200**

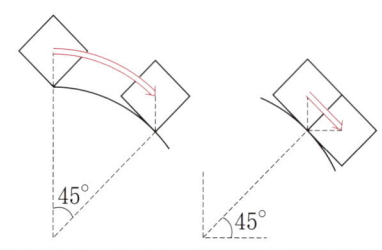

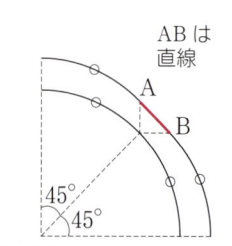

47-6

A のかわりに頂点 B で考えても同じ．
　$1×2×3.14 + 3×3 = $ **15.28**

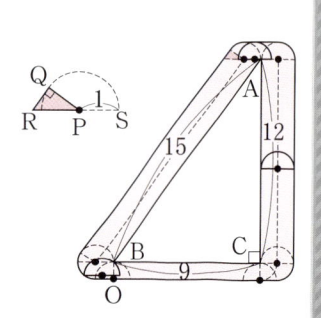

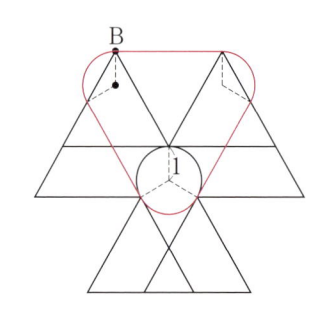

47-5

曲線部は合わせて円周に等しい．
求める長さは，
　$90×2×3.14 + 40×4 = $ **725.2**

AB は直線

47-4

△PRQ と △ABC は相似だから，
　$PR = 1 × \dfrac{15}{12} = 1.25$ であり，
　$RS = 1 + 1.25 = 2.25$
4 つの角のおうぎ形をまとめると，
半径 1 の円 1 個分になり，
　$1×1×3.14 + 2.25×12$
　$+ 1×11 + 12×2 + 1×2 = $ **67.14**

48-1 難易度 A

AB，BC，CD は棒で，AB は固定されている．BC は AB に対して 90°まで折り曲げることができる．CD は BC に対して 90°まで折り曲げることができる．CD の通過する範囲の面積を求めよ．

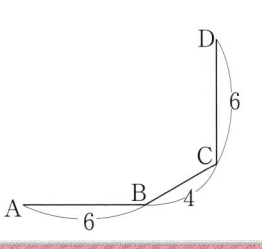

48-2 難易度 A

糸 AB を反時計回りに正三角形に巻いていくとき，糸が通る部分の面積を求めよ．

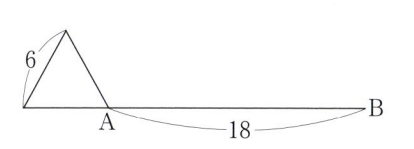

48-3 難易度 D

1 辺が 6 の正三角形のまわりに，長さ 4 の棒 AB がすべることなく回転していく．B が初めの位置に戻ってくるまでに B が動いた道のりを求めよ．

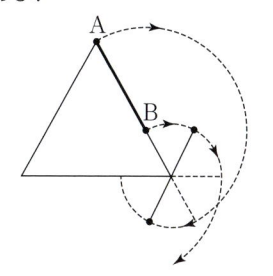

48-4 難易度 D

正方形の紙の B，D をピンで止め，A を含む紙の部分を折ったあと A が移動した点を A′ とする．A′ が動ける範囲の面積を求めよ．

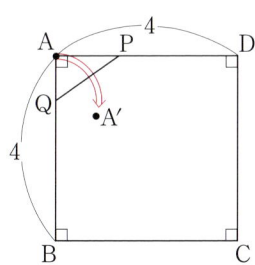

49-1 難易度 B

一辺の長さが 9 の正方形の内側を一辺の長さが 3 の正三角形が回転する．もとの位置に戻るまでに P が動いた距離を求めよ．

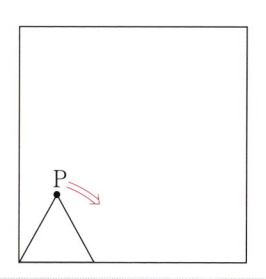

49-2 難易度 B

図形を直線 l にそってアの位置からイの位置まですべらずに転がすとき，A が動いたあとにできる線の長さを求めよ．また，その線と直線 l によって囲まれる図形の面積を求めよ．

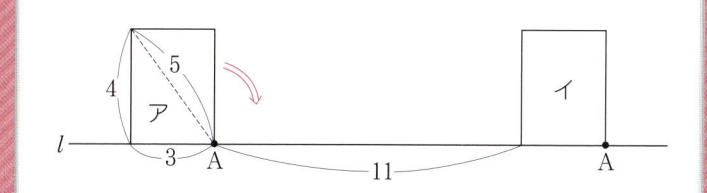

49-3 難易度 B

正方形の内部で，長方形を正方形の辺にそってすべらないように回転させながら，もとの位置まで 1 周させた．A が動いた線の長さと，それで囲まれた図形の面積を求めよ．

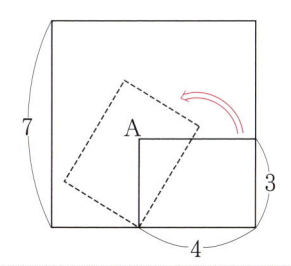

49-4 難易度 C

正八角形のまわりを正方形 ABCD がすべることなく回転する．頂点 A が動いたあとの線を描け．これと正八角形で囲まれる部分の面積を求めよ．

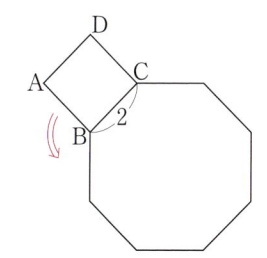

49-5 難易度 B

1 辺が 9 の正三角形 ABC のまわりを矢印の方向に，1 辺が 6 の正三角形 PQR をすべらずに回転させていく．正三角形 PQR がもとの位置に戻るまでに R が動いた道のりを求めよ．

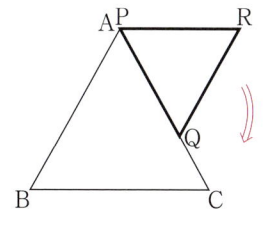

48-1

求める面積は，
$(4+6)×(4+6)×3.14÷2$
$-4×4×3.14÷2$
$+6×6×3.14÷4×2$
$=(50-8+18)×3.14$
$=188.4$

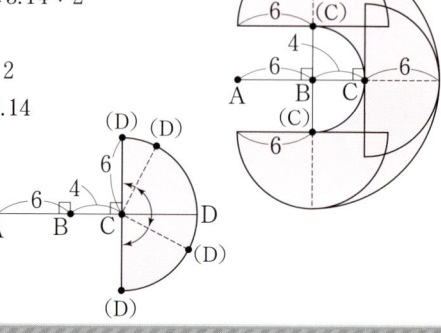

48-2

B から D までは，半径 18 のおうぎ形，D から E までは半径 12 のおうぎ形，E から A までは半径 6 のおうぎ形．
求める面積は，
$18×18×3.14×\dfrac{120°}{360°}$
$+12×12×3.14×\dfrac{120°}{360°}$
$+6×6×3.14×\dfrac{120°}{360°}$
$=527.52$

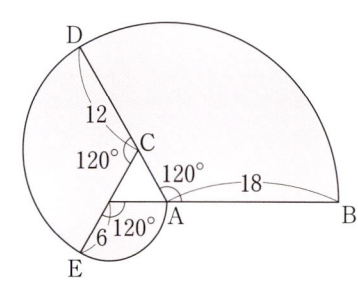

48-3

B が動いた曲線は，アカ実線 3 本，アカ破線 3 本．
$\left(2×2×\dfrac{120°}{360°}+2×4×\dfrac{180°}{360°}\right.$ 〈アカ実線〉
$\left.+2×2×\dfrac{120°}{360°}+2×4×\dfrac{180°+300°}{360°}\right)$ 〈アカ破線〉
$×3.14×3$
$=52×3.14$ 163.28

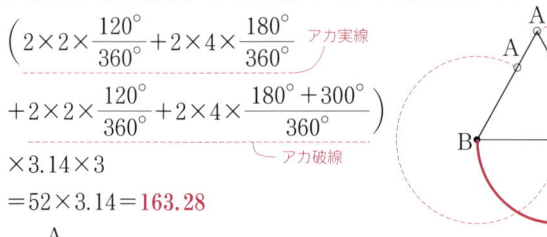

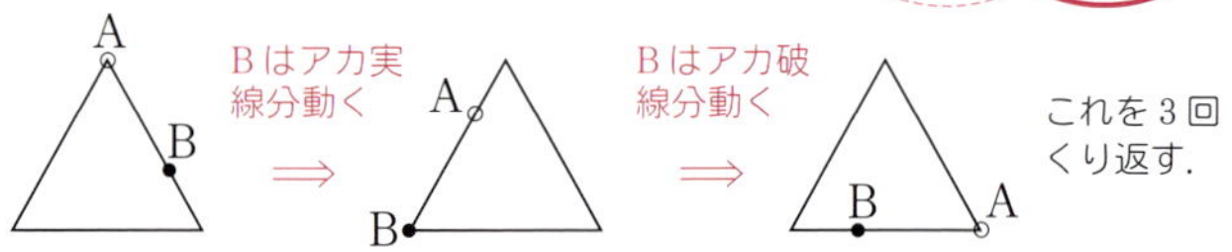

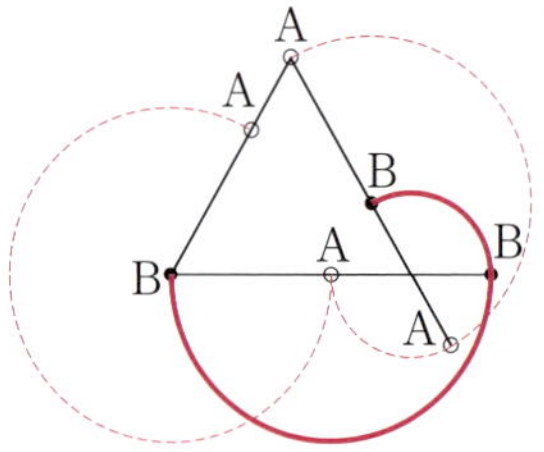

48-4

図アで三角形 A'QB の長さを考えて，
　$A'B < A'Q+QB = AQ+QB = AB = 4$
図イも考えて，$A'B ≦ 4$　同様に，$A'D ≦ 4$
求める面積は，
$(4×4×3.14÷4)×2-4×4=9.12$

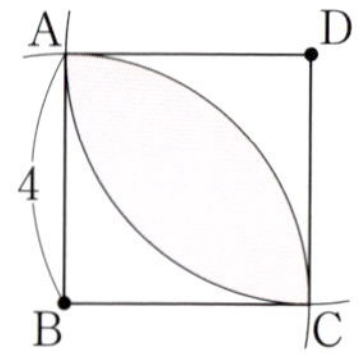

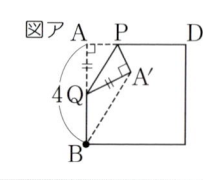

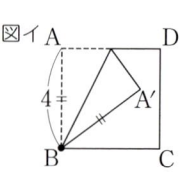

49-1

正方形の各辺にそって P は右図と同じ動きをくり返すので，P が動いた線の長さは，
$\left\{(3×2)×3.14×\dfrac{120°+30°}{360°}\right\}×4$
$=6×3.14×\dfrac{5}{12}×4=31.4$

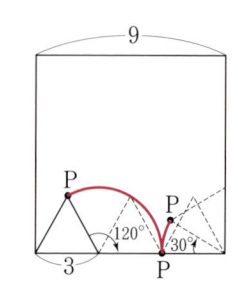

49-2

アカ太線の長さは，
$(4×2+5×2+3×2)×3.14÷4=18.84$
網目部分の面積は，3 つのおうぎ形の面積に㋐と㋑の面積を加えて，
$(4×4+5×5+3×3)×3.14÷4+3×4=51.25$

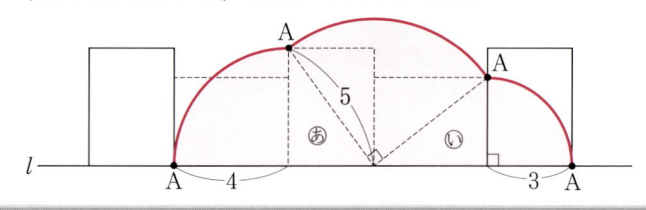

49-3

半径 3，4 の四分円の弧がそれぞれ 2 つずつなので，長さは
$(3×2×3.14÷4+4×2×3.14÷4)×2$
$=7×3.14=21.98$
図の点線で 4 つに分けて，面積は
$(3×3×3.14÷4-3×3÷2)×2$
$+(4×4×3.14÷4-4×4÷2)×2$
$=25×(3.14÷2-1)=14.25$

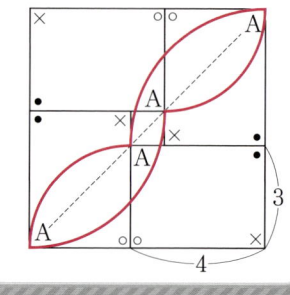

49-4

正方形の対角線の長さを□として，
　$□×□÷2=2×2$ より，$□×□=8$
求める面積は，
$2×2÷2×4$
$+2×2×3.14×\dfrac{135°}{360°}×4$
$+□×□×3.14×\dfrac{135°}{360°}×2$
$=8+6×3.14+6×3.14$
$=45.68$

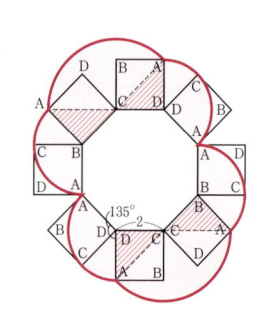

49-5

右図の動きを 3 回くり返すと，正三角形 PQR はもとの位置に戻る．求める長さは
$\left(3×2×3.14×\dfrac{120°}{360°}\right.$
$\left.+6×2×3.14×\dfrac{240°+120°}{360°}\right)×3$
$=(6+36)×3.14=131.88$

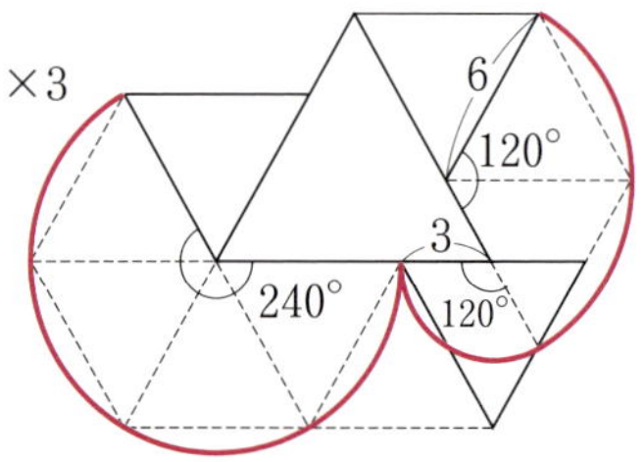

49-6 　難易度 A
1辺の長さが6の正三角形をもとの位置に戻るまで，すべらないように半径6の円周上を転がす．Aの動いた距離を求めよ．

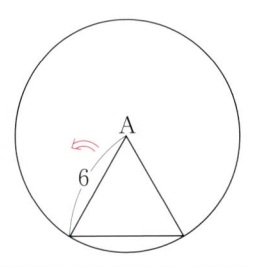

49-7 　難易度 C
1辺6の正六角形 ABCDEF を時計回りに直線上を滑らないようにDEが直線に重なるまで転がす．ABが通った部分の面積を求めよ．

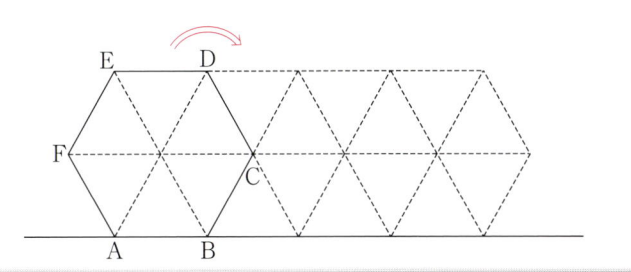

50-1 　難易度 B
円が1周するとき，中心が動いてできる線の長さと円が通ったあとの図形の面積を求めよ．

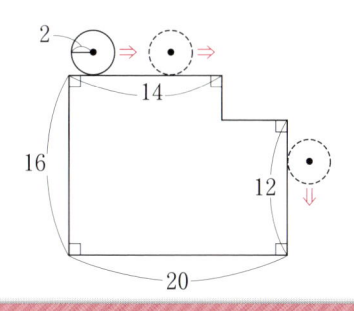

50-2 　難易度 C
1辺6の正方形を並べて作った図形のまわりを，直径4の円が一周する．円の中心が通った線の長さと，円が通った部分の面積を求めよ．

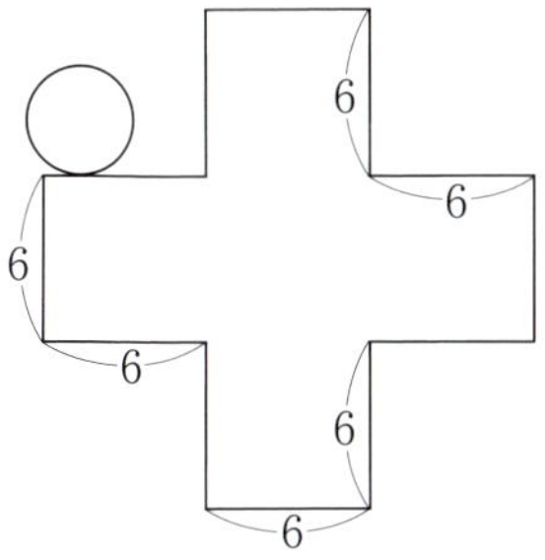

50-3 　難易度 B
おうぎ形のまわりを円が1周するとき，円が通過した部分の面積を求めよ．

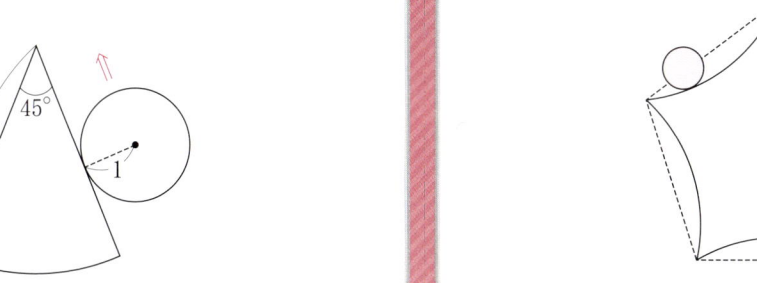

50-4 　難易度 C
1辺の長さが12の正五角形の内部に半径12の円弧が5個．直径3の円板が転がるとき，通過部分の面積を求めよ．

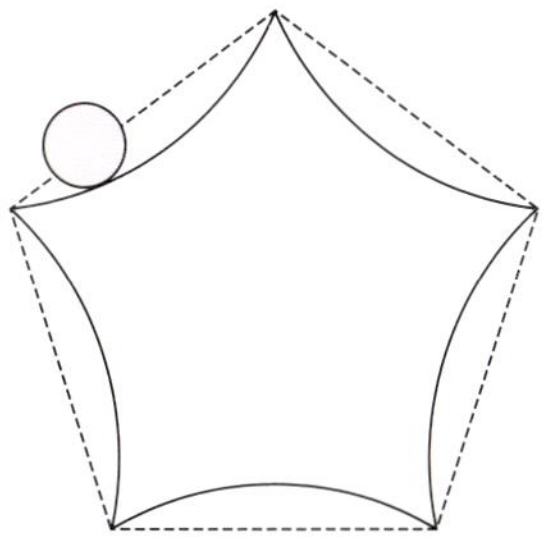

50-5 　難易度 B
一辺が6の正三角形とおうぎ形を組み合わせた図形．この図形のまわりを半径1の円が1周する．円の通過する部分の面積を求めよ．

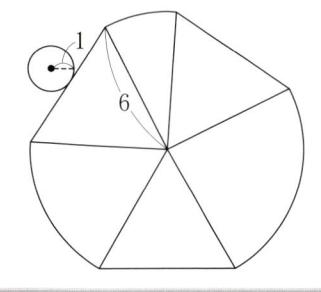

50-6 　難易度 D
アカ網部は三角形の中を直径2の円が通ったあとである．円が通過した部分の面積を求めよ．

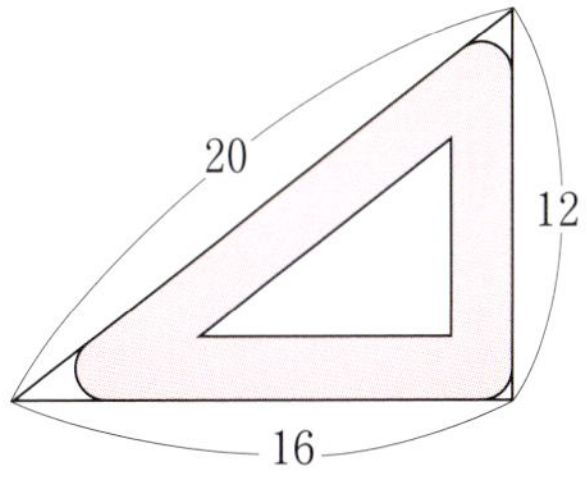

50-7 　難易度 A
曲線は，半円を2つつなげた図形．円の中心がAからBまで動くとき，円の通過する部分の面積を求めよ．

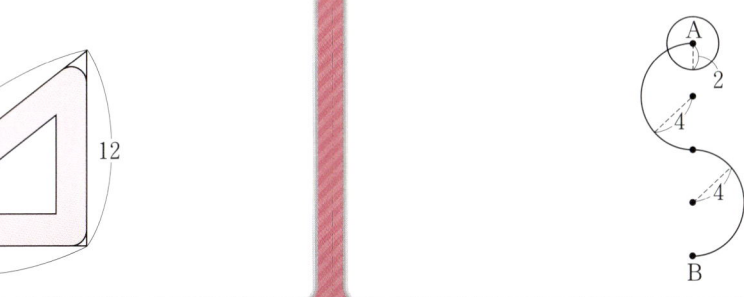

50-1

アカ線のうち，円弧の長さの合計は，
$(2\times 2)\times 3.14\times \dfrac{5}{4}=15.7$ ……㋐
直線部分の長さの合計は，
$14+2+4+12+20+16=68$ ……㋑
よって答えは，㋐＋㋑＝**83.7**
おうぎ形の面積の合計は，
$4\times 4\times 3.14\times \dfrac{5}{4}+2\times 2\times 3.14\times \dfrac{1}{4}$
$=21\times 3.14=65.94$ ……㋒
それ以外の面積の合計は，
$㋑\times 4-2\times 2=268$ ……㋓
よって答えは，㋒＋㋓＝**333.94**

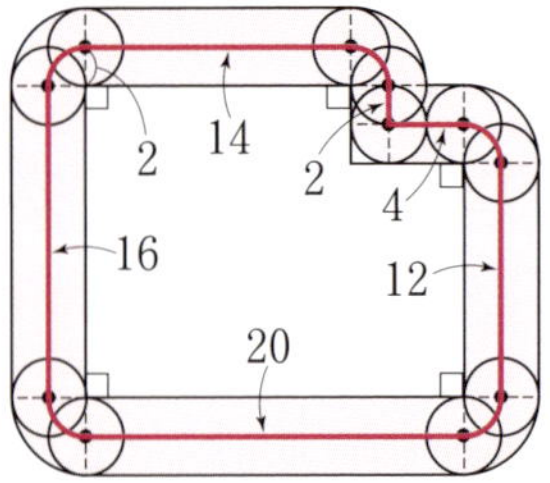

49-7

下図の3つの部分を合わせると，半径12，中心角60°のおうぎ形になるので，
$12\times 12\times 3.14\div 6=$ **75.36**

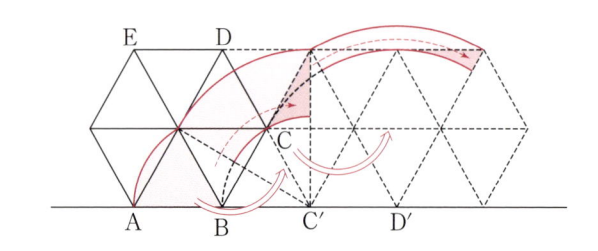

49-6

アカ線は，半径6，中心角60°のおうぎ形の弧の長さ4つ分で，
$(6\times 2)\times 3.14\times \dfrac{60°}{360°}\times 4=8\times 3.14=$ **25.12**

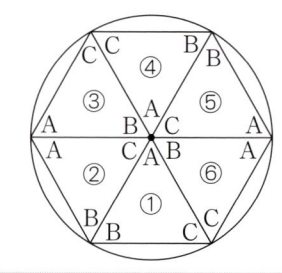

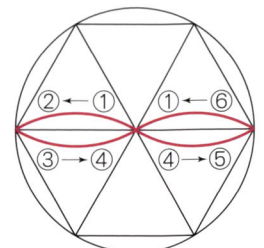

50-4

$\{(12\times 12-9\times 9)\times 3.14\times \dfrac{60°}{360°}$
うすアミ部
$+3\times 3\times 3.14\times \dfrac{360°-60°\times 2-108°}{360°}\}\times 5$
こいアミ部
$=69\times 3.14=$ **216.66**

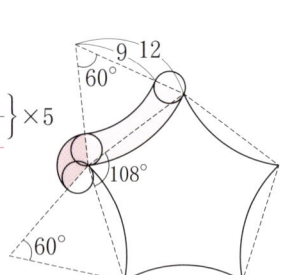

50-3

$4\times 2\times 2$
$+2\times 2\times 3.14\times \dfrac{135°+90°\times 2}{360°}$
$+(6\times 6\times 3.14$
$\quad -4\times 4\times 3.14)\times \dfrac{45°}{360°}$
$=16+6\times 3.14=$ **34.84**

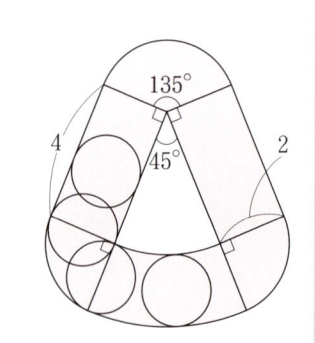

50-2

線の長さは，半径2の円2つ分と直線部分
$2\times 2\times 3.14\times 2+6\times 4+4\times 2\times 4$
$=$ **81.12**
面積は，（進行距離）×（幅）から，⌐4つ分を引く．
81.12×4
$\quad -(4\times 4-2\times 2\times 3.14)$
$=$ **321.04**

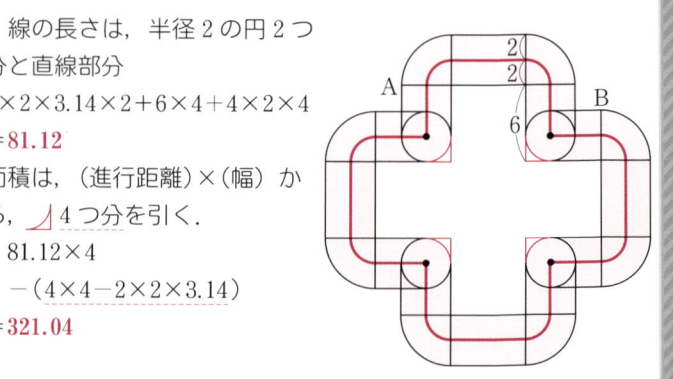

50-7

図の小さい半円部分を矢印のように動かすと，求める面積は，結局，半径6の円の面積に等しくなる．
よって答えは，
$6\times 6\times 3.14=$ **113.04**

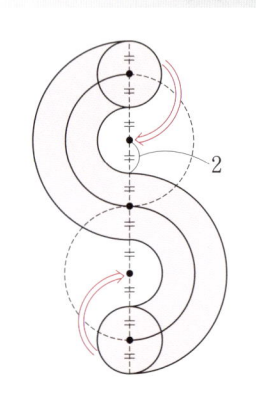

50-6

△ABCにぴったり入る円の半径は平面図形編33.より，
$(16+12-20)\div 2=4$
△ABCと△DEFの相似比は，
円Oと円O'の半径を比べて，
$4:2=2:1$　求める面積は，
$16\times 12\div 2-8\times 6\div 2$
　△ABC　　△DEF
$\quad -(4\times 3\div 2-1\times 1\times 3.14)$ 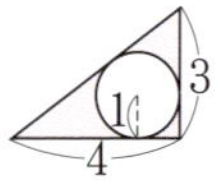
$=$ **69.14**

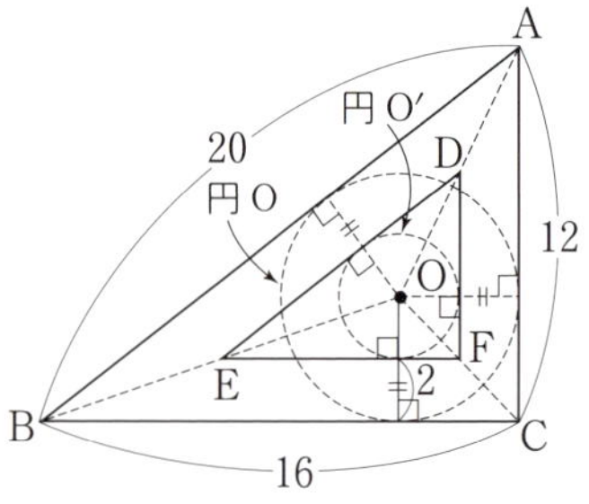

50-5

㋐＋㋑＋㋒＝$360°-60°\times 3=180°$
また，小さいおうぎ形の中心角は30°
$(8\times 8-6\times 6)\times 3.14\times \dfrac{180°}{360°}$
こいアミ部
$+2\times 2\times 3.14\times \dfrac{30°\times 6}{360°}+6\times 2\times 3$
うすアミ部
$=16\times 3.14+36=$ **86.24**

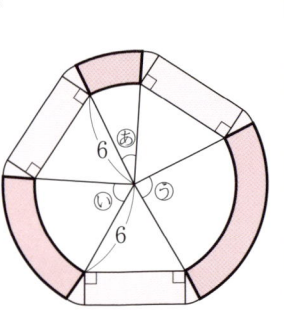

50-8 難易度 A
半径 8，弧の長さ 8 のおうぎ形の面積を求めよ．

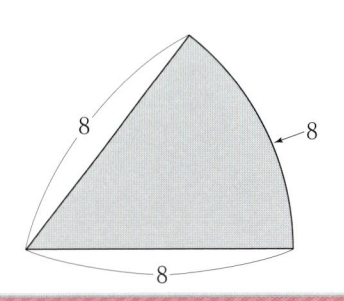

51-1 難易度 A
大円の内側を小円がすべらずに 1 周するとき，小円は何回自転するか．

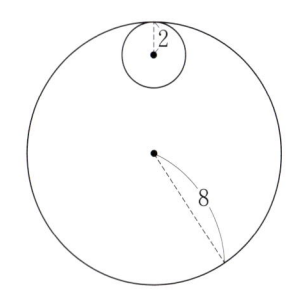

51-2 難易度 A
大円の外側を小円がすべらずに 1 周するとき，小円は何回自転するか．

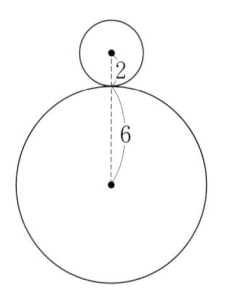

51-3 難易度 B
固定された 4 個の白い円のまわりを同じ半径のアカ網目の円が 1 周するとき，アカ網目の円は何回自転するか．

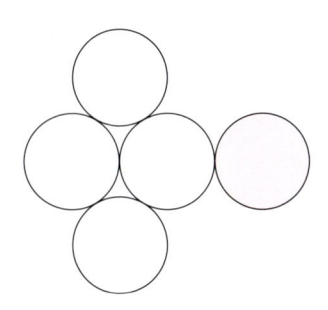

52-1 難易度 A
A から E の方向へ出発した光は何回反射してどこの頂点に到達するか．

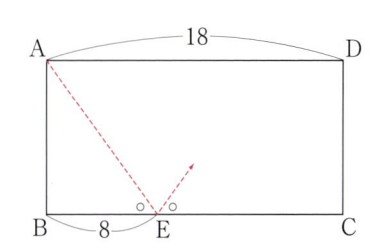

52-2 難易度 B
A から出たボールが反射して C へ到達する．$m:n$ を求めよ．

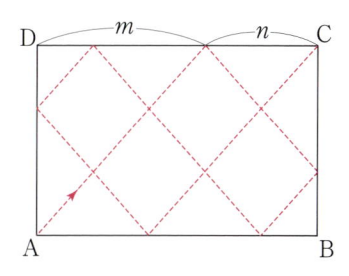

52-3 難易度 B
内側が鏡の正三角形 ABC で，A から D に向かって発した光はどの頂点で止まるか．

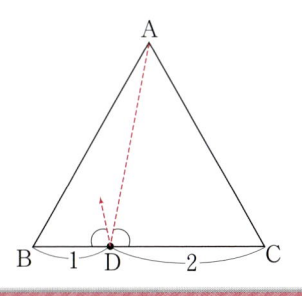

52-4 難易度 B
内側が鏡の正三角形 ABC で P から出た光が 3 回反射して A に到達した．□の長さを求めよ．

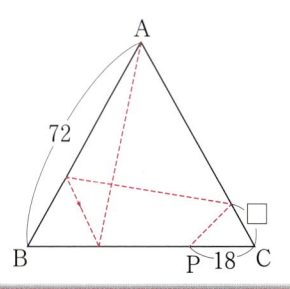

52-5 難易度 B
内側が鏡の円がある．A から発した光が図のように進んでいくとき，A に戻るまで光は何回反射するか．

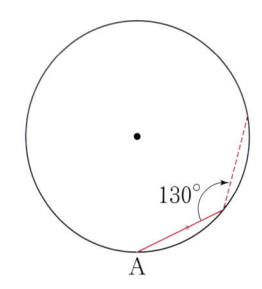

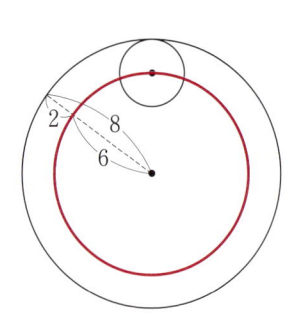

51-2

中心が進んだ距離は，$8 \times 2 \times 3.14$
転がる円の円周は，$2 \times 2 \times 3.14$
（自転数）
$=$（中心の進行距離）$\div$（円周）
$=(8 \times 2 \times 3.14) \div (2 \times 2 \times 3.14)$
$=\mathbf{4（回転）}$

［別解］
$\dfrac{6}{2}+1=4（回転）$

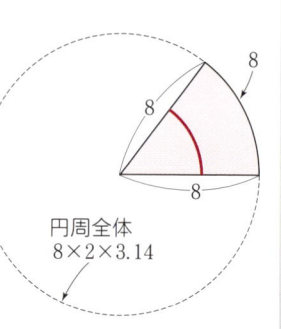

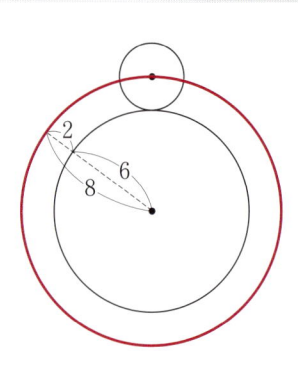

51-1

中心が進んだ距離は，$6 \times 2 \times 3.14$
転がる円の円周は，$2 \times 2 \times 3.14$
（自転数）
$=$（中心の進行距離）$\div$（円周）
$=(6 \times 2 \times 3.14) \div (2 \times 2 \times 3.14)$
$=\mathbf{3（回転）}$

［別解］
$\dfrac{8}{2}-1=3（回転）$

50-8

曲線部分の長さを比べて，このおうぎ形は，円全体の $\dfrac{8}{8 \times 2 \times 3.14}$．
面積は
$8 \times 8 \times 3.14 \times \dfrac{8}{8 \times 2 \times 3.14} = \mathbf{32}$

［別解］
アカ太線の長さが 4 なので，センターラインの公式より
$4 \times 8 = 32$

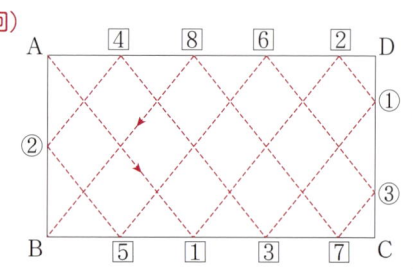

52-2

C に到達するのに，
横の辺に 5 回
たての辺に 3 回ぶつかる．
経路を直線に直すと，右図になる．

$m:n = \dfrac{3}{5} : 1 - \dfrac{3}{5} = \mathbf{3:2}$

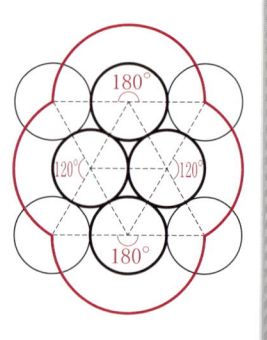

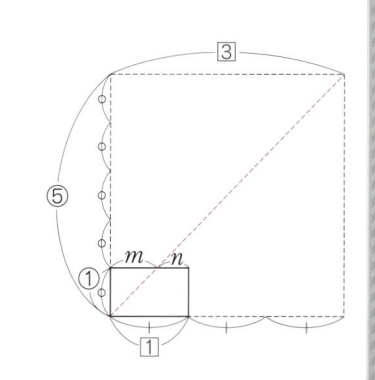

52-1

8 と 18 の最小公倍数は 72
$72 \div 18 = 4$ で偶数なので，A または B
$72 \div 8 = 9$ で奇数なので，B または C
$(4-1)+(9-1)=\mathbf{11（回）}$
よって，**B** に到達する．

51-3

半径を 1 とする．
中心の進行距離は，
$2 \times 2 \times 3.14 \times \dfrac{180° \times 2 + 120° \times 2}{360°}$ …㋐

転がる円の円周は，2×3.14 ………㋑

自転数は，

㋐$\div$㋑$=2 \times \dfrac{180° \times 2 + 120° \times 2}{360°}$

$=\mathbf{3\dfrac{1}{3}（回転）}$

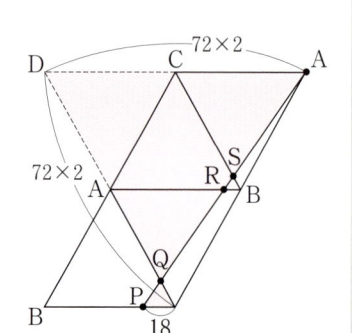

52-5

△OAB は二等辺三角形であり，
ア$=180°-130° \div 2 \times 2 = 50°$
50 と 360 の最小公倍数は，1800
1800° 分進むと，光は A に到達する．
　$1800° \div 50° = 36$
35 回反射する．

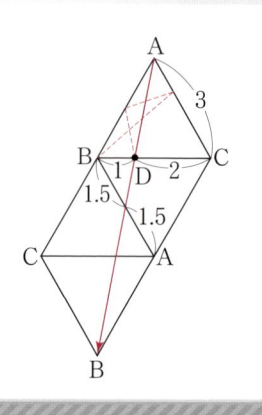

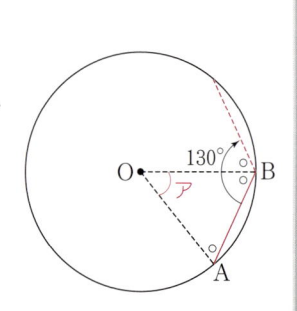

52-4

アカい三角形の相似を用いて，
$72 \times 2 \times \dfrac{18}{72 \times 2 + 18}$
$= 72 \times 2 \times \dfrac{1}{4 \times 2 + 1} = \mathbf{16}$

52-3

光の進路を直線にするように正三角形を折り返す．
図より **B**．

53-1 難易度 C
一辺が3の正三角形が固定されている．正三角形を含むように半径3の円を動かすとき，円周が動ける範囲の面積を求めよ．

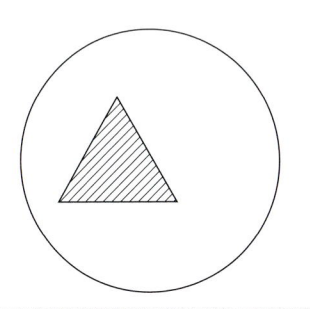

53-2 難易度 B
平らな板に釘A，Bが間隔3で打ち付けてある．一辺6の正三角形の針金が動く範囲を求めよ．

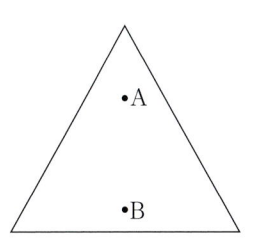

53-3 難易度 C
正方形B（面積2）を正方形Aの周から離れないように動かすとき，正方形Bの通過範囲の面積を求めよ．

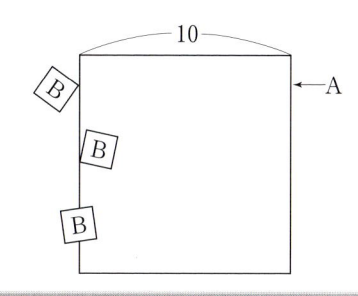

53-4 難易度 D
正方形を4枚並べた図形．円がちょうど3枚の正方形と共通部分を持つように置くとき，中心が取りうる範囲の面積を求めよ．

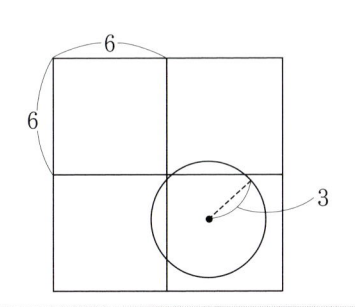

54-1 難易度 A
おうぎ形を直線 l にそってアの位置からイの位置まですべらずに転がすとき，Aが動いたあとにできる線の長さと，その線と直線 l によって囲まれる図形の面積を求めよ．

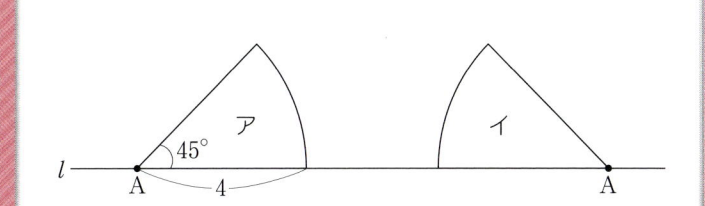

54-2 難易度 B
図のようなおうぎ形が正方形の内側を1周するとき，Oが通ったあとの線の長さを求めよ．

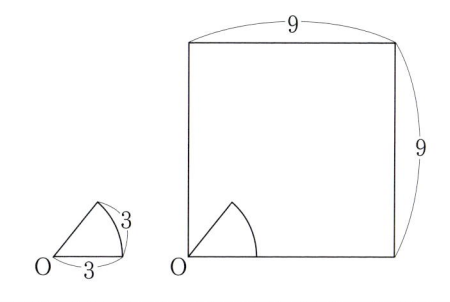

54-3 難易度 B
おうぎ形①を固定し，おうぎ形②を①の周りをすべらずにころがして1周させる．②の頂点Pが通過する曲線で囲まれる部分の面積は，おうぎ形①の何倍か．

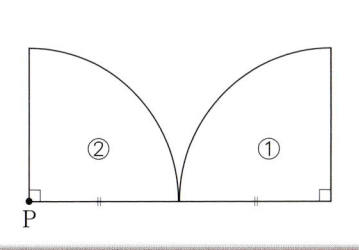

54-4 難易度 C
円の内側を半円が滑らずに転がる．元の位置に戻るまでにPが動いた距離を求めよ．

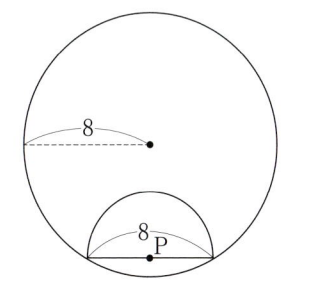

54-5 難易度 B
②のおうぎ形を固定して，①の位置にあるおうぎ形を③の位置まで滑らずに転がす．おうぎ形が通過した部分の面積を求めよ．

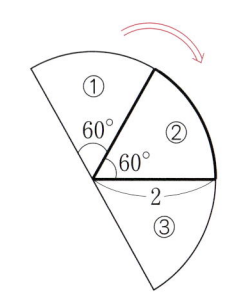

53-1

⑦の部分は，半径 3，中心角 60° のおうぎ形．

①の外側の円弧部分は円が A で接しながら動くとき，通過する部分．

⑦と①を合わせると，半径 6，中心角 60° のおうぎ形になる．

求める面積は，

$$6 \times 6 \times 3.14 \times \frac{60°}{360°} \times 3 = \mathbf{56.52}$$

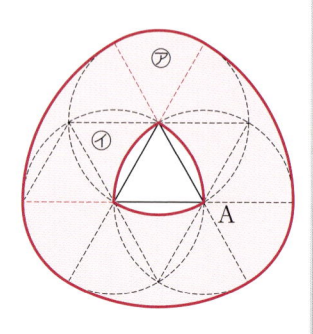

53-2

曲線部は，三角形の頂点が A または B に接しながら回転移動するときの頂点が動く線．直線部は，三角形が A と B に同時に接しながら平行移動するときの線．

ア，イ，ウ，エが合同な正三角形であることに注意して，求める面積は，

$$6 \times 6 \times 3.14 \times \frac{60°}{360°} \times 4 = \mathbf{75.36}$$

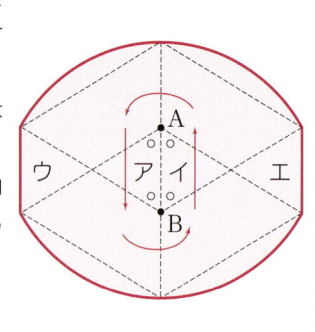

53-3

正方形 B が正方形 A の辺から最も離れるのは，正方形 B の対角線が正方形 A の辺と垂直になるときである．

B の面積が 2 なので，その対角線の長さを □ とすると，□×□÷2＝2 より，2．よって，白い正方形の 1 辺の長さは，

$$10 - 2 \times 2 = 6$$

したがって求める面積は，

$$2 \times 2 \times 3.14 + 2 \times 10 \times 4 + 10 \times 10 - 6 \times 6 = \mathbf{156.56}$$

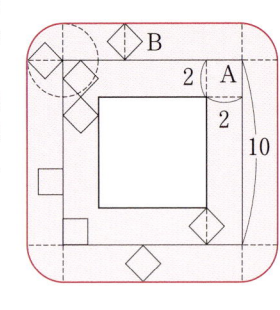

53-4

①と重ならず，②，③，④と重なるときの円の中心が取りうる範囲は図アのアカ網部のようになる．[②と重なる部分は↑，③と重なる部分は←，①と重ならない部分は↘] 求める範囲は対称性より図イのアカ網部で，$6 \times 6 - 3 \times 3 \times 3.14 = \mathbf{7.74}$

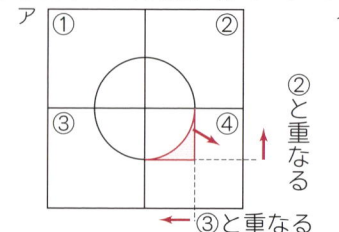

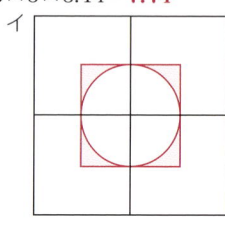

54-1

直線部はおうぎ形の円弧の長さに等しい．アカ線の長さは，

$$4 \times 2 \times 3.14 \times \frac{90° + 45° + 90°}{360°} = \mathbf{15.7}$$

求める面積は，

$$4 \times 4 \times 3.14 \times \frac{90°}{360°} \times 2 + 4 \times 2 \times 3.14 \times \frac{45°}{360°} \times 4 = \mathbf{37.68}$$

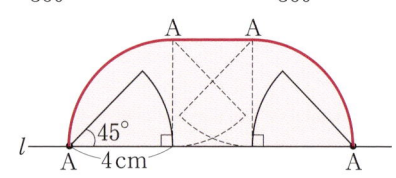

54-2

求める長さは，

$$3 \times 2 \times 3.14 \times \frac{90°}{360°} \times 8 + 3 \times 4$$
$$= \mathbf{49.68}$$

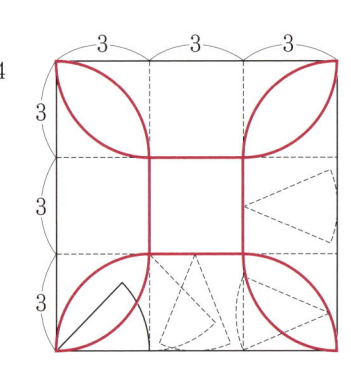

54-3

おうぎ形 ABC と①の相似比は 2：1．よって答えは，

$$2 \times 2 - 1 \times 1 + 2 \times 2 = \mathbf{7 (倍)}$$

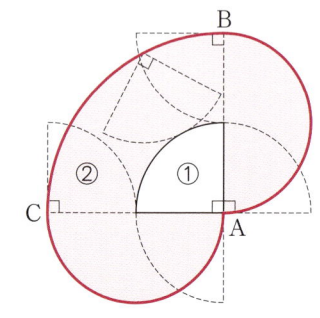

54-4

P が動く線はアカ線のくり返しになる．

150 (＝90＋60) と 360 の最小公倍数は，1800

アカ線を，1800÷150＝12 回くり返すともとの位置に戻る．

$$4 \times 2 \times 3.14 \times \frac{60° + 90° + 60°}{360°} \times 12$$
$$= \mathbf{175.84}$$

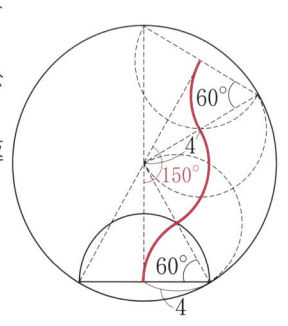

54-5

半円が 2 つと，おうぎ形からおうぎ形を取った残りの部分で，面積は

$$2 \times 2 \times 3.14 + (4 \times 4 - 2 \times 2) \times 3.14 \times \frac{60°}{360°}$$
$$= (4 + 2) \times 3.14 = \mathbf{18.84}$$

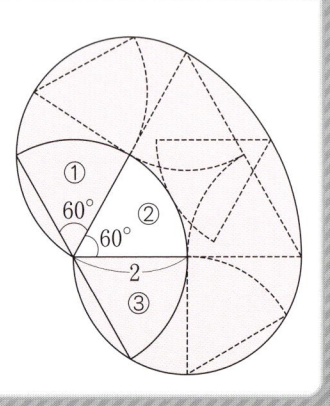

54-6 難易度 B

半径 5，中心角 270° のアカいおうぎ形が固定されている．同じ形の白いおうぎ形がアカいおうぎ形のまわりを滑らず接しながら 1 周するとき，A が通った線の長さを求めよ．

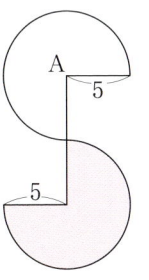

54-7 難易度 C

半径 5 の円の外側を図形 A（半径 2，中心角 60° のおうぎ形を 3 つ重ねた図形）がすべらないように回転して 1 周する．図形 A の通過範囲の面積を求めよ．

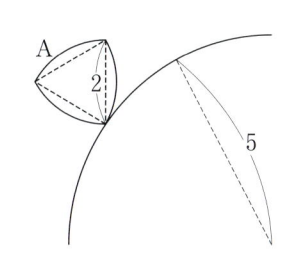

55-1 難易度 B

三角形が l に沿って毎秒 1 の速さで進む．重なりの部分が正方形の面積の半分になるのは，何秒後と何秒後か．

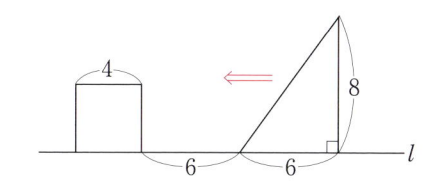

55-2 難易度 A

アが秒速 1 で右へ移動する．アとイの重なった部分の面積が 16 になるのは何秒後と何秒後か．

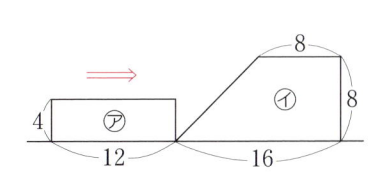

55-3 難易度 B

直線によって，2 つの正方形の面積がそれぞれ 2 等分されている．AB の長さを求めよ．

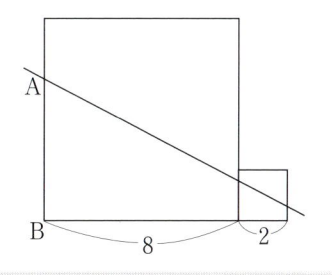

56-1 難易度 A

展開図には立方体の表面が見えているものとして頂点を決めよ．

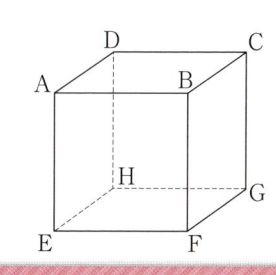

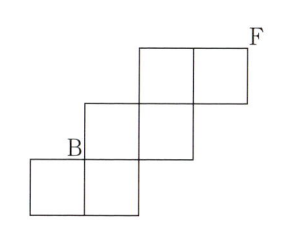

56-2 難易度 A

面に線の模様が書かれた立方体がある．2 つの展開図を作るとき，同じ模様になるように右の図形に線を書き込め．

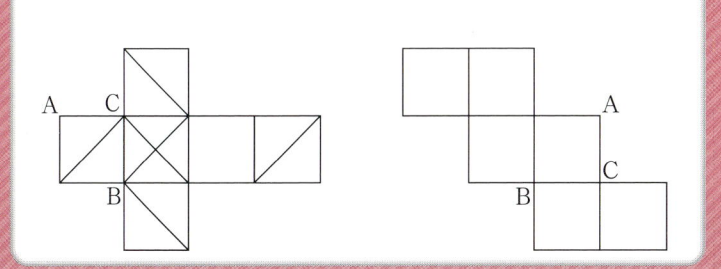

56-3 難易度 A

展開図には立体の表面が見えているものとして頂点を決めよ．

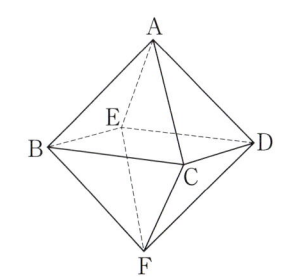

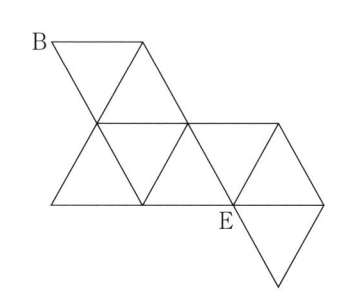

56-4 難易度 A

一部をアカくぬった正八面体の図．展開図に残りのアカい部分，アの点と重なる点を図示せよ．

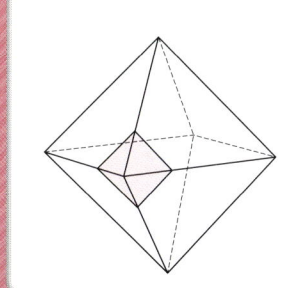

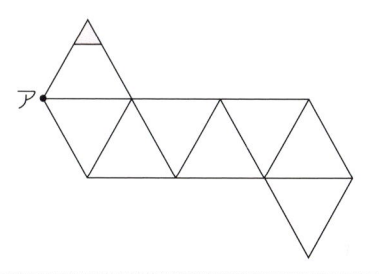

55-1

ア　正方形の中心 O を PQ が通るとき，
□は相似形より，□ = 6 × $\frac{2}{8}$ = 1.5

Q が動いた距離は，6 + 2 + 1.5 = 9.5

イ　正方形の中心 O を PR が通るとき，
△は 3 なので正方形は PQ の内側にある．
Q が動いた距離は，6 + 6 + 2 = 14

答は，**9.5 秒後，14 秒後**

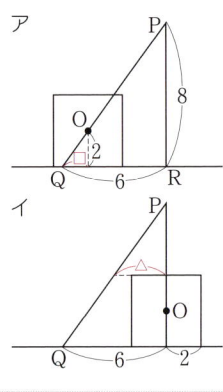

54-7

頂点で接する場合 (ア) も円弧で接する場合 (イ) も，半径 7 の円弧に接する．求める部分はアカ網部で，

(7 × 7 − 5 × 5) × 3.14 = **75.36**

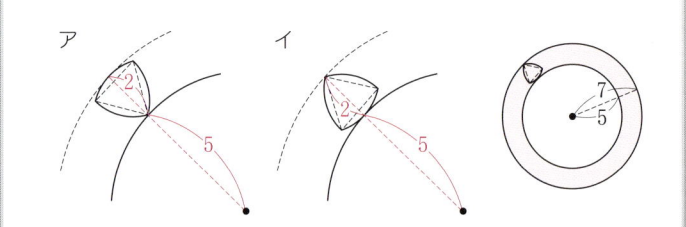

54-6

5 × 2 × 3.14 + 10 × 2 × 3.14 ÷ 2 = **62.8**

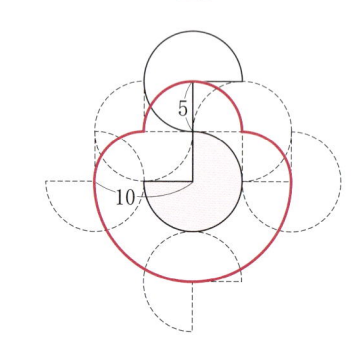

56-1

ア は F の向かいで D．イ は ABCD を表面から見るので C．ウ は B の向かいで H．

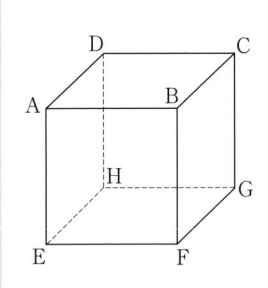

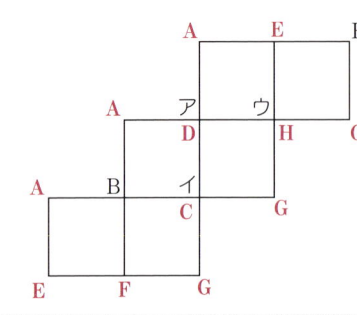

55-3

直線は正方形の中心 O，P を通る．
網目の直角三角形の相似から

AH : 3 = 4 : (4 + 1)

よって，AH = $\frac{3 \times 4}{5}$ = 2.4

したがって，AB = 2.4 + 4 = **6.4**

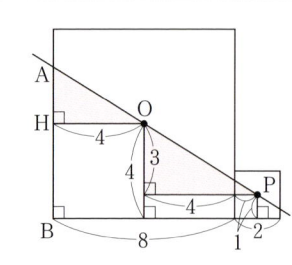

55-2

網目部が 16 なので，

□ = (16 − 4 × 4 ÷ 2) ÷ 4 = 2
△ = 16 ÷ 4 = 4

答えは，4 + 2 = **6 (秒後)**，16 + 12 − 4 = **24 (秒後)**

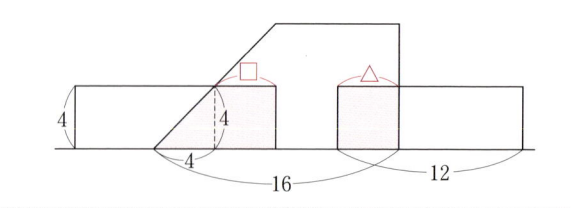

56-4

イとウがくっつくので，アカ網部のようになる．アの向かいの向かいと考えて **ア** になる．

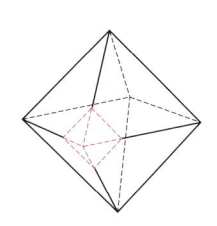

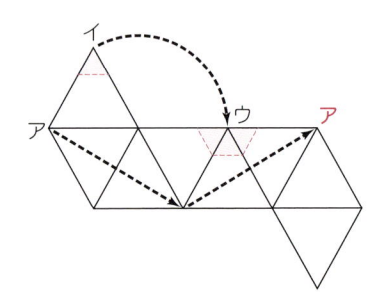

56-3

ア は B の向かいで D．イ は，FDE を表面から見るので F．

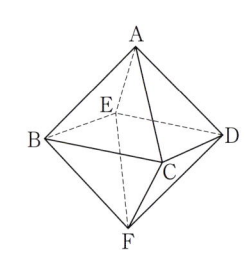

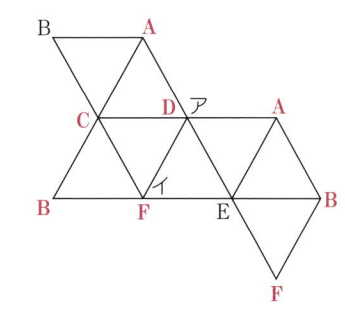

56-2

初めに太アカ線が決まる．次に B から出る対角線アが決まる．ア，イとつながるような対角線ウが決まる．これ以外にすべての頂点の対応を考えてもよい．

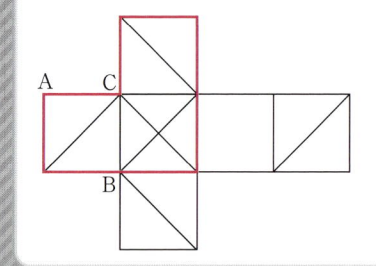

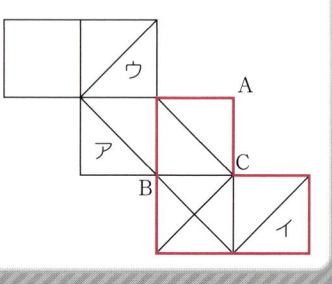

57-1 難易度 A
矢印の向きにサイコロを転がす．サイコロがイに来たとき，接している目を答えよ．ただし，1の裏側が6，2の裏側が5，3の裏側が4である．

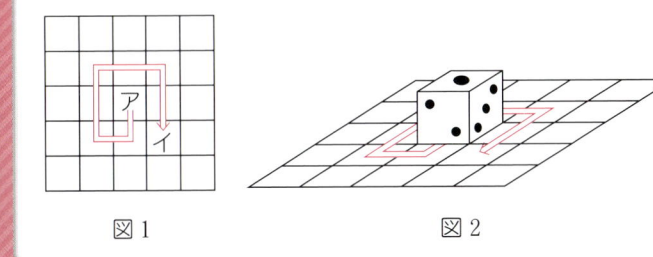

図1　図2

57-2 難易度 B
図1のAの位置に図2のようにおいてある正四面体をBの位置まで矢印の向きに転がす．アのコースをとった場合とイのコースをとった場合について，それぞれ接している面を答えよ．

図1　図2

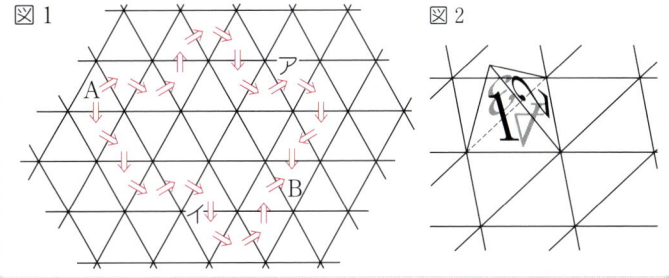

58-1 難易度 A
1辺が1のアカい立方体を何個か積み重ねてつくった立体．使った個数は最小で□個，最大で□個．

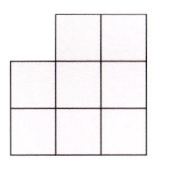

上から見た図 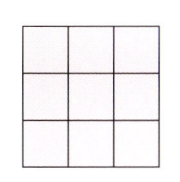　正面から見た図 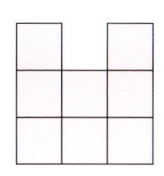　右側から見た図

58-2 難易度 A
1辺が1の同じ大きさの立方体を積み重ねて立体を作る．立方体の個数は一番多くて何個か．また，このときの表面積を求めよ．

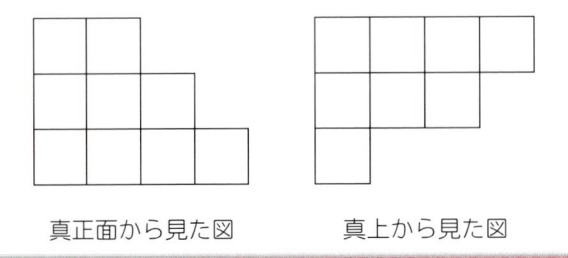

真正面から見た図　真上から見た図

58-3 難易度 B
1辺が1の立方体を何個か積み重ねてつくった立体．使った個数は最大で何個か．また，このときの表面積はいくらか．

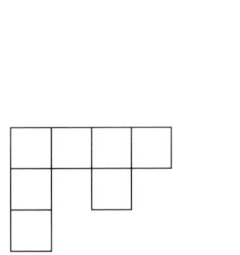

真上から見た図 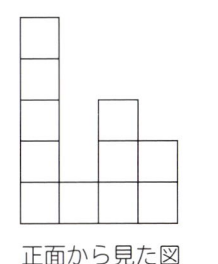　正面から見た図 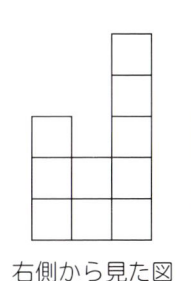　右側から見た図

59-1 難易度 A
直方体を斜めに切った立体．この立体の体積を求めよ．

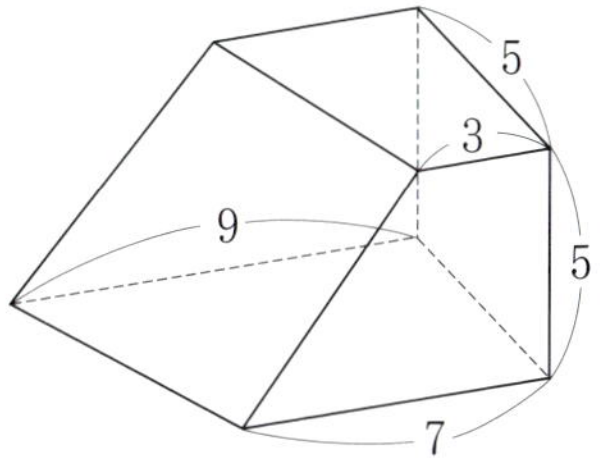

59-2 難易度 A
円柱を斜めに切った立体．この立体の体積を求めよ．

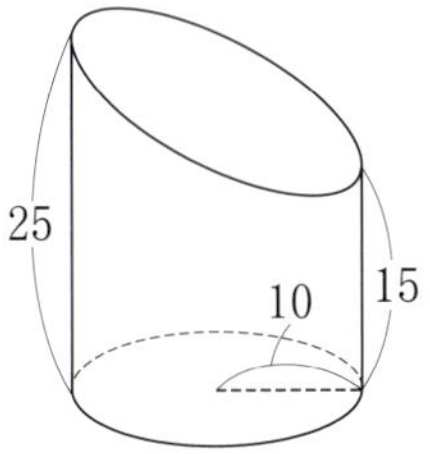

図2

59-3 難易度 B
底面の半径が3の円柱をつなぎ直した図形．この立体の体積を求めよ．

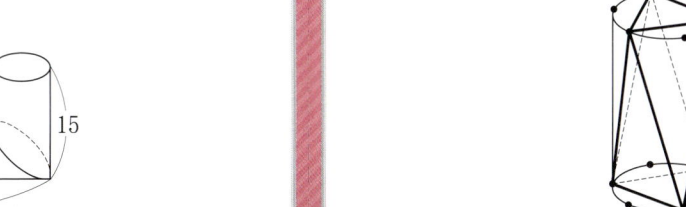

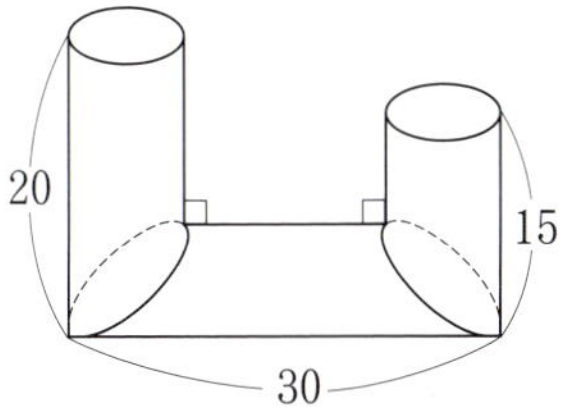

59-4 難易度 C
高さ5の円柱の底面の円の6等分点を図のように結んでできる立体（底面積は3）の体積を求めよ．

57-1

サイコロの目は下図のように変化していく．
イの位置まで来たとき，4が上になっているので，答えは 3

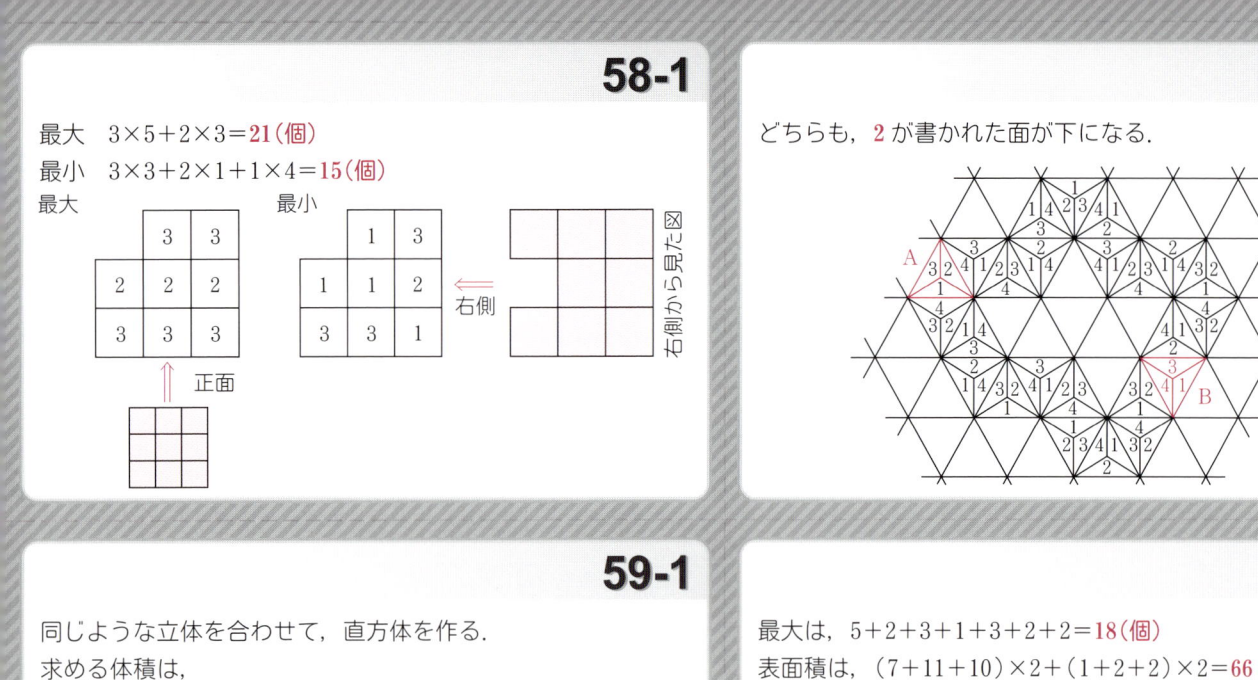

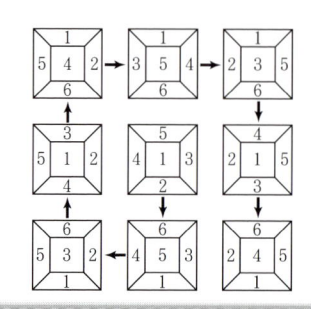

57-2

どちらも，2 が書かれた面が下になる．

58-1

最大　$3 \times 5 + 2 \times 3 = 21$（個）
最小　$3 \times 3 + 2 \times 1 + 1 \times 4 = 15$（個）

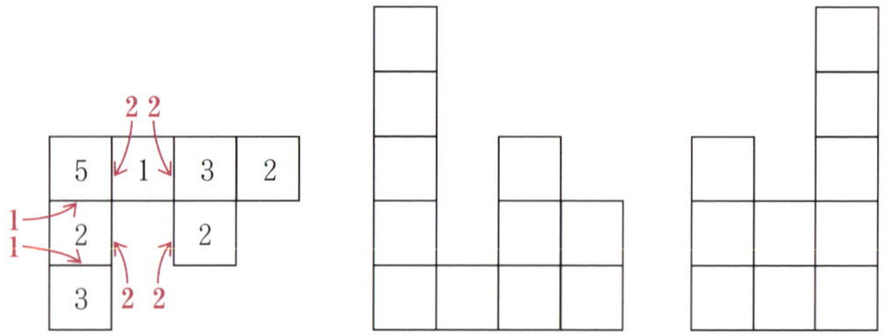

58-2

$3 \times 3 + 3 \times 2 + 2 \times 2 + 1 \times 1 = 20$（個）
横から見ると 3×3 の正方形なので，表面積は
$(9 + 8 + 9) \times 2 = 52$
正面　上　ヨコ

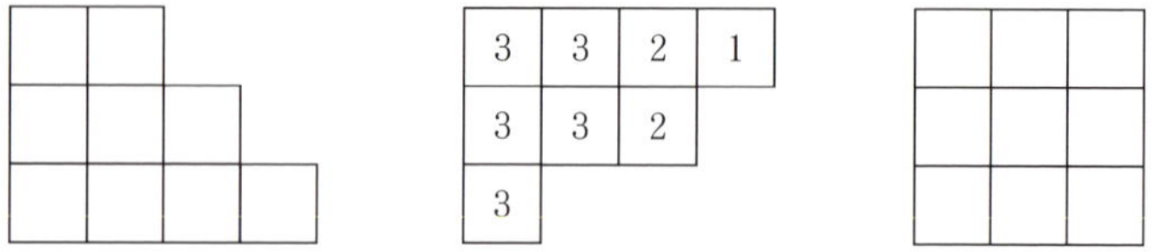

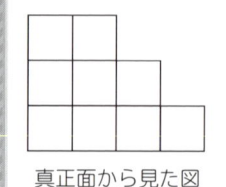

真正面から見た図　　真上から見た図　　真横から見た図

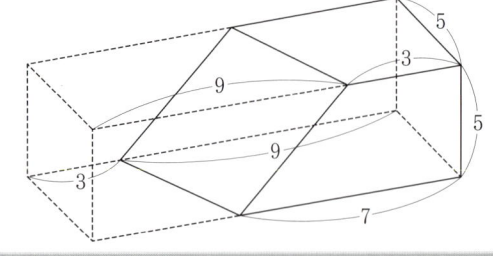

58-3

最大は，$5 + 2 + 3 + 1 + 3 + 2 + 2 = 18$（個）
表面積は，$(7 + 11 + 10) \times 2 + (1 + 2 + 2) \times 2 = 66$
　　　　　　上　正面　右　　　外側から見えない部分

59-1

同じような立体を合わせて，直方体を作る．
求める体積は，
$5 \times 5 \times (9 + 3) \div 2 = 150$

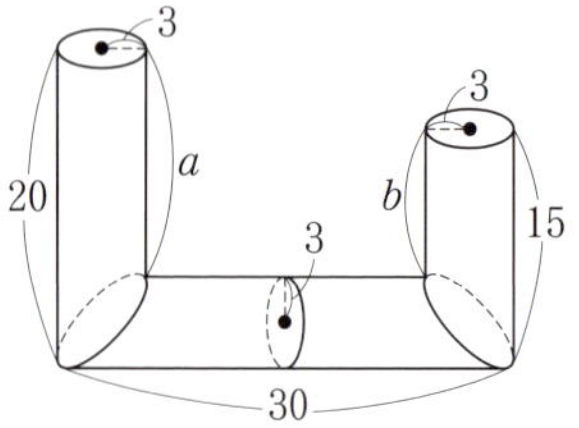

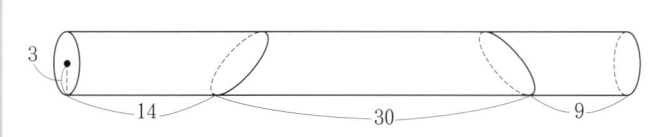

59-2

同じ立体を右図のように合わせて
円柱を作ることができ，体積は，
$10 \times 10 \times 3.14 \times (25 + 15) \div 2$
$= 6280$

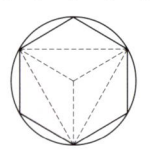

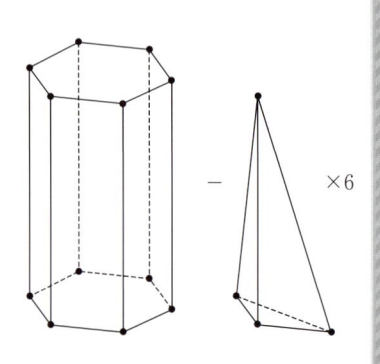

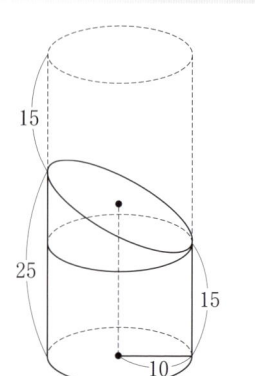

59-3

$a = 20 - 3 \times 2 = 14$，
$b = 15 - 3 \times 2 = 9$
つなぎ直すと下図のようになる
ので，求める体積は，
$3 \times 3 \times 3.14 \times (14 + 30 + 9)$
$= 1497.78$

59-4

正六角形の面積は，$3 \times 2 = 6$
アカい三角形は，$3 \div 3 = 1$
求める体積は，
$6 \times 5 - 1 \times 5 \div 3 \times 6 = 20$

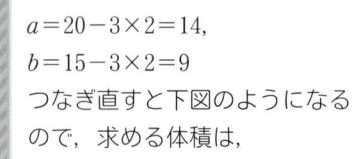

60-1 難易度 A
厚さ1の板で作った直方体の形をした容器の体積，表面積を求めよ．

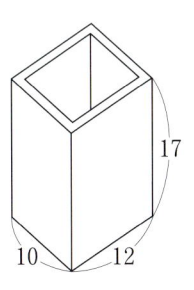

60-2 難易度 A
直方体を切り取って作った立体．この立体の体積，表面積を求めよ．

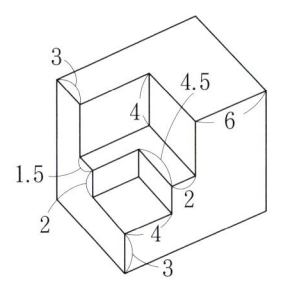

60-3 難易度 C
次の立体の体積，表面積を求めよ．

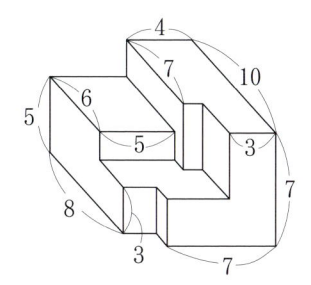

60-4 難易度 B
直方体の一部をけずり落とした立体の体積を求めよ．

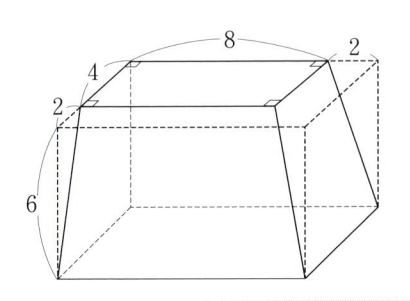

60-5 難易度 C
高さ3の直方体を4つの平面で切って作った立体．体積を求めよ．

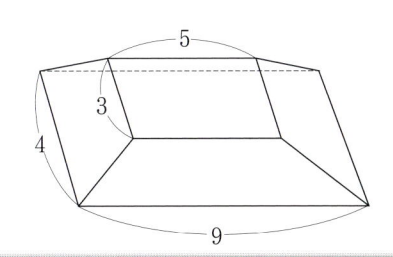

60-6 難易度 C
1辺が6の立方体から切り取って作った立体の図．体積を求めよ．

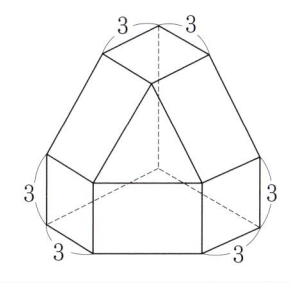

61-1 難易度 A
三角柱を平面で切り取って作った立体．この立体の体積を求めよ．

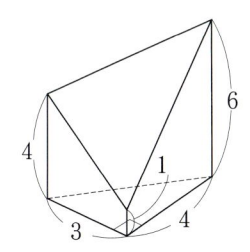

61-2 難易度 C
一辺が6の立方体．●は辺の中点を表す．●を結んでできる立体の体積を求めよ．

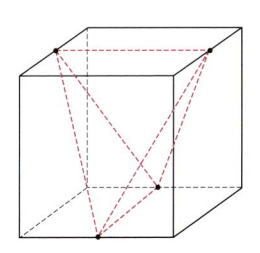

61-3 難易度 B
三角柱の中に入っているアカ太線の部分の立体の体積を求めよ．

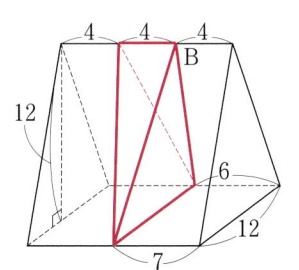

60-1

求める体積は，

$10 \times 12 \times 17 - \underset{10}{(12-2)} \times \underset{8}{(10-2)} \times \underset{16}{(17-1)} = 760$

求める表面積は，

$(10 \times 12 + 10 \times 17 + 12 \times 17) \times 2$
$\quad + (8 \times 16 + 10 \times 16) \times 2 = 1564$

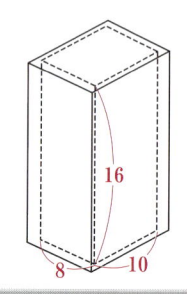

60-2

求める体積は，$9 \times 12 \times 9 - 6 \times 6 \times 4 - 4.5 \times 4 \times 2 = 792$

表面積はもとの直方体と変わらず，
$(9 \times 9 + 12 \times 9 + 12 \times 9) \times 2 = 594$

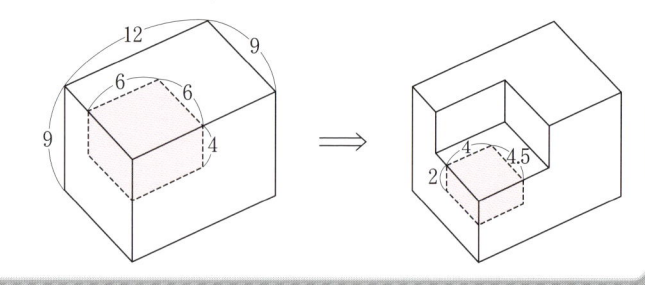

60-3

求める体積は，$\underset{ア}{5 \times 6 \times 2}$
$\quad + \underset{イ}{(4 \times 10 - 1 \times 3) \times 4}$
$\quad + \underset{ウ}{(10 \times 9 - 2 \times 2) \times 3} = 466$

求める表面積は，
$\{\underset{前後}{(7 \times 9 - 2 \times 5)} + \underset{右左}{7 \times 10} +$
$\quad \underset{上下}{(9 \times 10 - 2 \times 2)}\} \times 2 = 418$

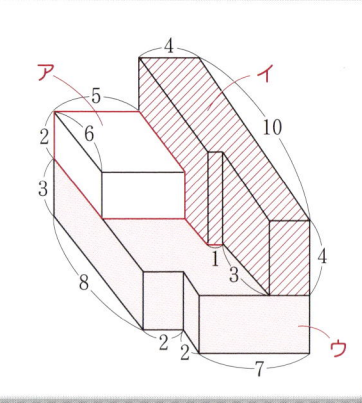

60-4

AB を通り底面に垂直な平面と，BC を通り底面に垂直な平面で 4 つに分ける．

求める体積は，

$\underset{直方体}{4 \times 8 \times 6}$
$\quad + \underset{三角柱2つ}{(2 \times 6 \div 2 \times 8 + 2 \times 6 \div 2 \times 4)}$
$\quad + \underset{アカい四角すい}{2 \times 2 \times 6 \div 3}$
$= 8 \times \{4 \times 6 + (6+3) + 1\} = 272$

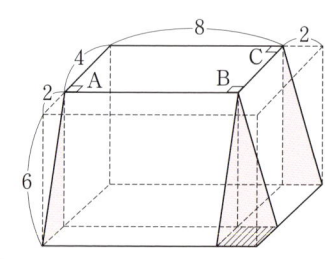

60-5

立体をア～ケの 9 つの部分に分ける．
アは直方体，また，イとエ，ウとオ，
4 すみのカ～ケをそれぞれくっつける．
これらの体積を合計すると，
$3 \times 5 \times 3 + (1 \times 3 \div 2) \times 5$
$\quad + (4 \times 3 \div 2) \times 3 + (1 \times 4) \times 3 \div 3 = 45 + 7.5 + 18 + 4 = 74.5$

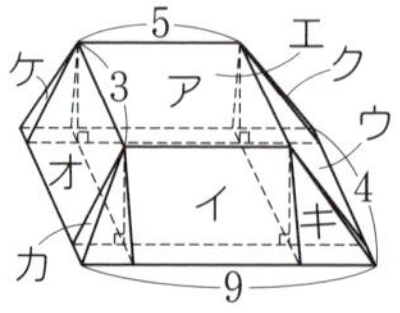

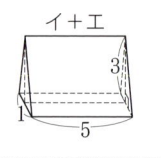

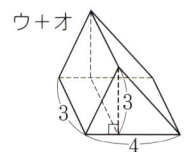

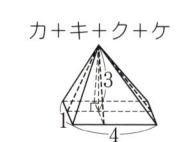

60-6

求める体積は，
$3 \times 3 \div 2 \times 3 \div 3 + 3 \times 3 \div 2 \times 3 \times 3$ 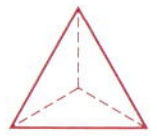 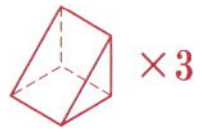
$\quad + 3 \times 3 \times 3 \times 4 = 153$

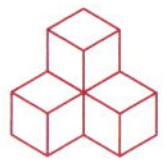

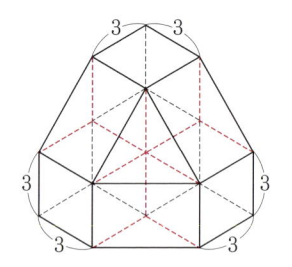

61-1

求める体積は，

$3 \times 4 \div 2 \times \dfrac{4+1+6}{3} = 22$

61-2

断頭三角柱の 3 辺のうち，2 辺の長さが 0 であると考えて，求める体積は，

$6 \times 6 \div 2 \times \dfrac{6+0+0}{3} = 36$

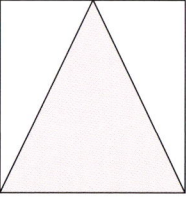

横から見た図

61-3

断頭三角柱の 3 辺のうち，2 辺の長さが 0 であると考えて，求める体積は，

$12 \times 12 \div 2 \times \dfrac{4+0+0}{3} = 96$

61-4 難易度 D

三角柱を切って作った立体．A，B，C を通る面で切ってできる立体のうち D を含む立体の体積を求めよ．

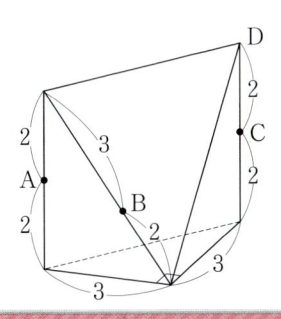

62-1 難易度 A

この展開図を組み立ててできる立体の体積を求めよ．

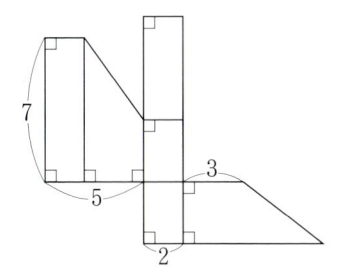

62-2 難易度 B

この展開図を組み立ててできる立体の体積を求めよ．

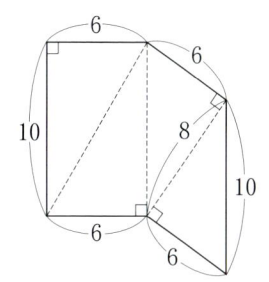

62-3 難易度 B

この展開図を組み立ててできる立体の体積を求めよ．

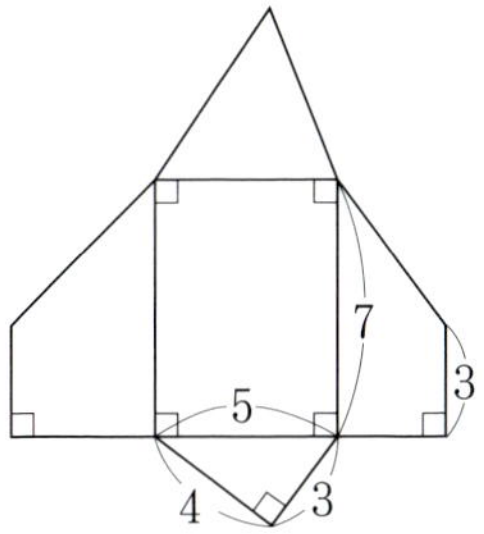

62-4 難易度 D

この展開図を組み立ててできる立体の体積を求めよ．

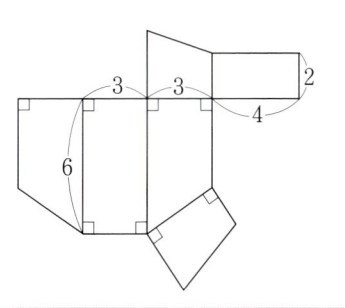

62-5 難易度 C

この展開図を組み立ててできる立体の体積を求めよ．

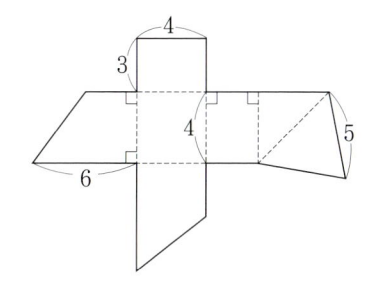

62-6 難易度 C

この展開図を組み立ててできる立体の体積を求めよ．

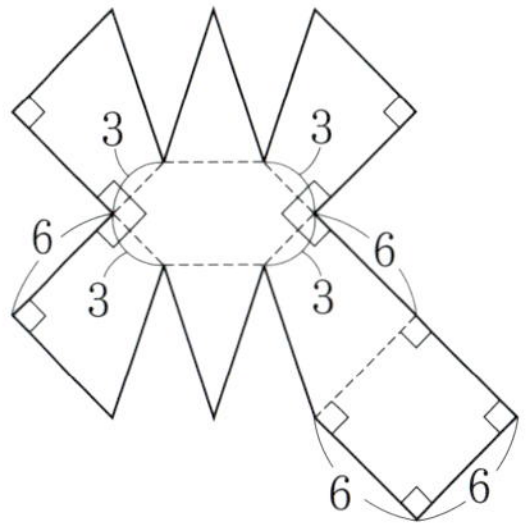

62-7 難易度 C

三角形の面はどれも正三角形．六角形の面はどれも 1 辺が 2 の正方形から 2 辺の長さが 1 の直角三角形を切り取った図形．この展開図を組み立ててできる立体の体積を求めよ．

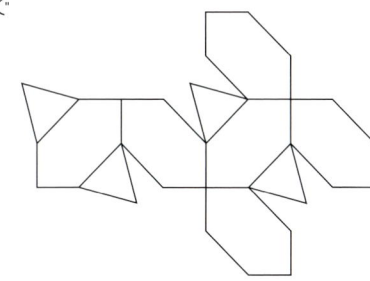

63-1 難易度 A

1 辺が 6 の立方体をくりぬいて作った立体．体積，表面積を求めよ．

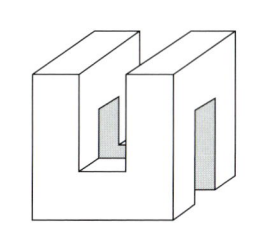

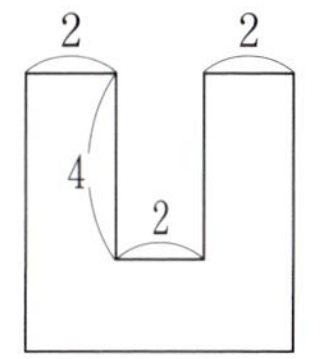

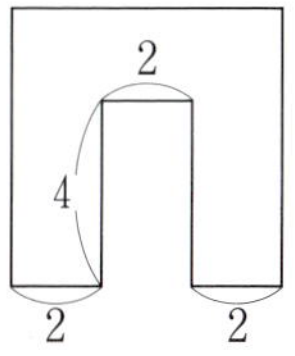

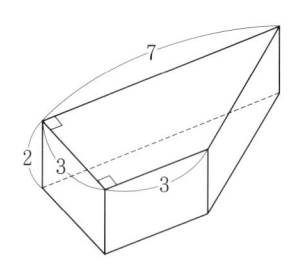

62-2

展開図を組み立てたとき，太線を合わせてできる辺は，ア，イ，が直角なので，網目部の三角形と垂直になる．

　網目部の三角形を底面としたとき，太線の辺は高さになる．

$6 \times 8 \div 2 \times 6 \div 3 = \mathbf{48}$

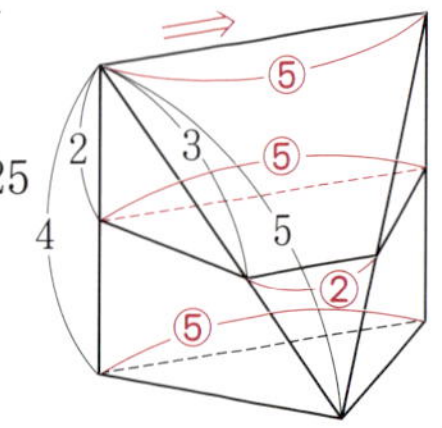

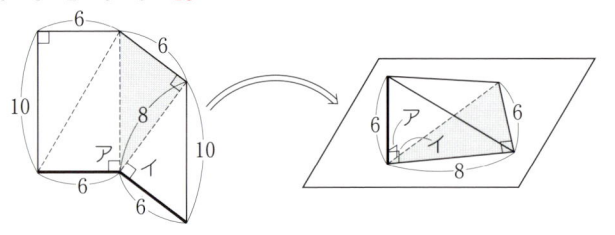

62-1

台形の面を底面とすれば，四角柱と見ることができる．

$(7+3) \times 3 \div 2 \times 2 = \mathbf{30}$

61-4

初めの立体を断頭三角柱と見て体積を求めると，

$3 \times 3 \div 2 \times \dfrac{4+4+0}{3} = 12$

求める立体の体積ともとの立体の体積の比を，矢印方向が高さ方向である三角柱の断頭三角柱と捉えることで求めると，

$2 \times 3 \times \dfrac{5+5+2}{3} : 4 \times 5 \times \dfrac{5+5+0}{3} = 9 : 25$

求める体積は，$12 \times \dfrac{9}{25} = \mathbf{4.32}$

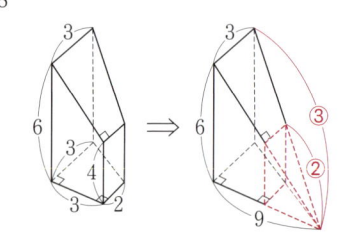

62-5

アミ目の四角形を底面とした柱体をイメージする．AC は山折り，AB は谷折りする．A，B，C を通る面で切って，三角すいと直方体に分割する．

　求める体積は，

$4 \times 4 \div 2 \times 3 \div 3 + 4 \times 4 \times 3 = \mathbf{56}$

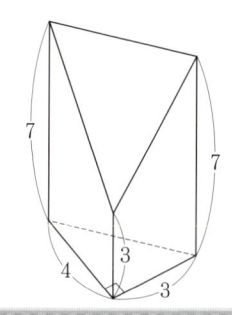

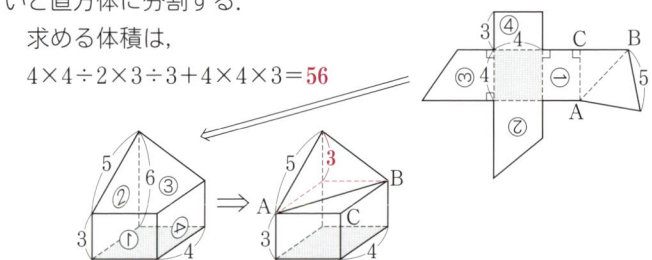

62-4

$6:4$ と $3:2$ が等しいので，図のように辺を延長させると四角すいができる．

大きい四角すいとアカい四角すいの体積比は，

$3 \times 3 \times 3 : 2 \times 2 \times 2 = 27 : 8$

求める体積は，

$3 \times 6 \times 9 \div 3 \times \dfrac{27-8}{27} = \mathbf{38}$

62-3

断頭三角柱の公式を使って，$3 \times 4 \div 2 \times \dfrac{3+7 \times 2}{3} = \mathbf{34}$

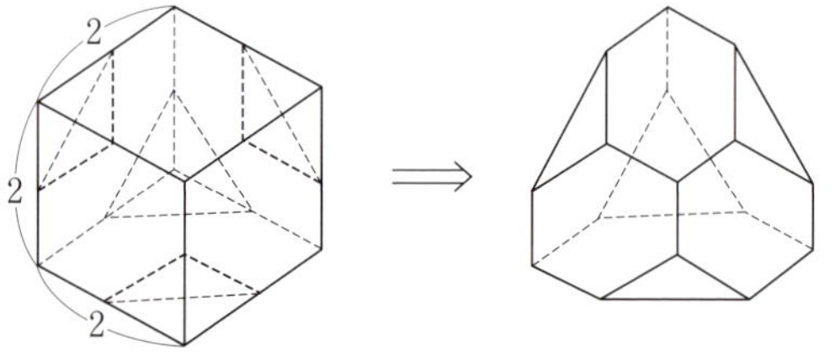

63-1

体積は 1 辺が 2 の立方体の 16 個分で

$2 \times 2 \times 2 \times 16 = \mathbf{128}$

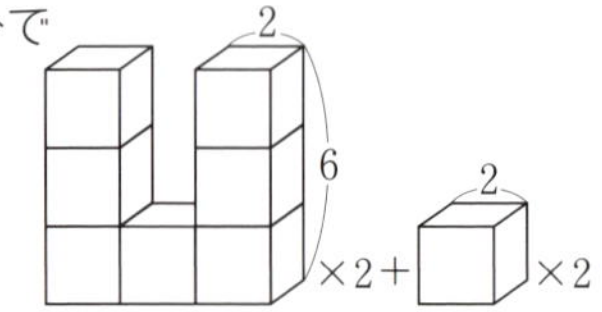

前，後，左，右から見た面積は，

$6 \times 6 - 4 \times 2 = 28$

上，下は図1のように見え，

$6 \times 6 - 2 \times 2 = 32$

かげになっている部分は，図2のように見え，

$4 \times 6 - 2 \times 2 = 20$

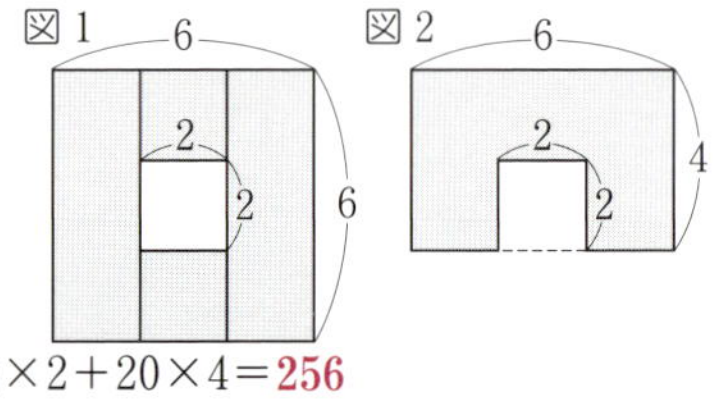

求める表面積は，$28 \times 4 + 32 \times 2 + 20 \times 4 = \mathbf{256}$

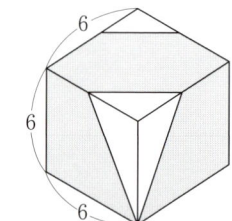

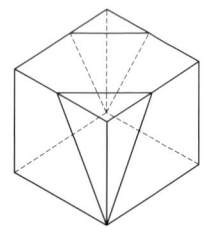

62-7

4 隅から三角すいを取り除いた図形になる．

求める体積は，

$2 \times 2 \times 2 - \underbrace{1 \times 1 \div 2 \times 1 \div 3}_{\text{三角すいの体積}} \times 4 = \mathbf{7\dfrac{1}{3}}$

62-6

1 辺が 6 の立方体の側面に，展開図の形の三角形，正方形以外の面を書き込むと左図のようになる．

求める体積は，

$6 \times 6 \times 6 - 3 \times 3 \div 2 \times 6 \div 3 \times 2 = \mathbf{198}$

63-2 難易度 B

前後左右から見ると図1, 上下から見ると図2のような立体の体積を求めよ.

図1, 図2

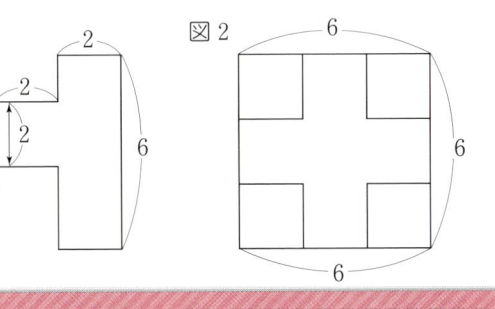

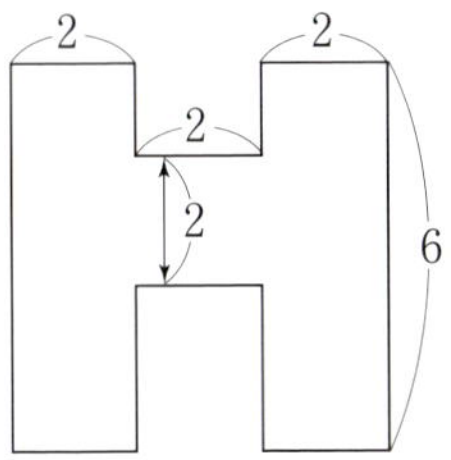

63-3 難易度 B

1辺が6の立方体から切り出した次の立体の体積を求めよ.

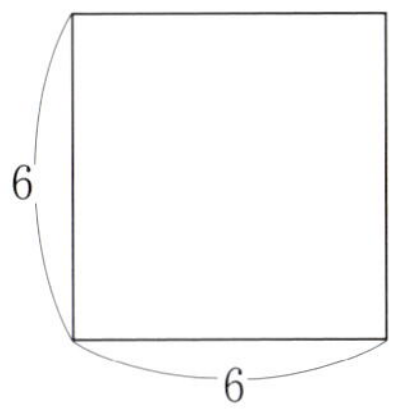

真上から見た図 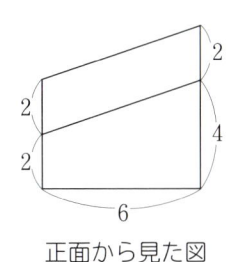　正面から見た図

63-4 難易度 B

1辺が6の立方体から切り出した次の立体の体積を求めよ.

(真上)　(正面)

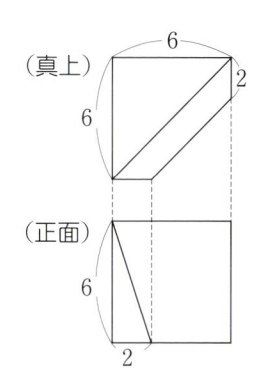

63-5 難易度 B

この立体の体積を求めよ.

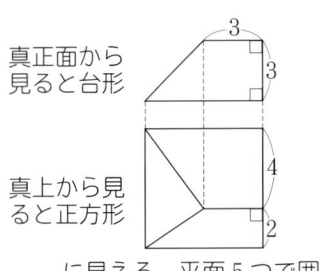

真正面から見ると台形
真上から見ると正方形
に見える, 平面5つで囲まれた立体

63-6 難易度 C

この立体の体積, 表面積を求めよ.

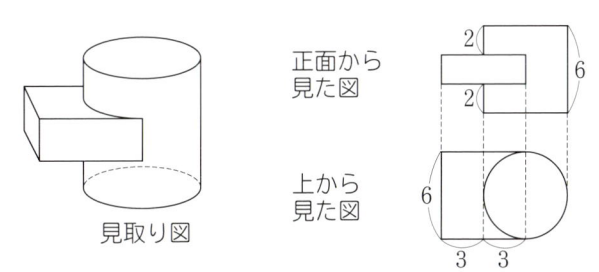

見取り図　正面から見た図　上から見た図

63-7 難易度 D

1辺6の立方体を切り取って作った立体を上下, 左右, 前後から見た図である. この立体の面の個数と体積を求めよ.

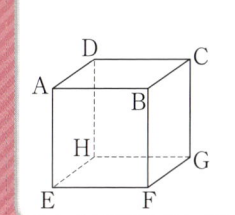

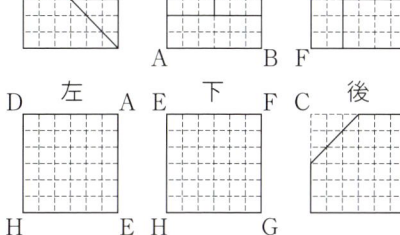

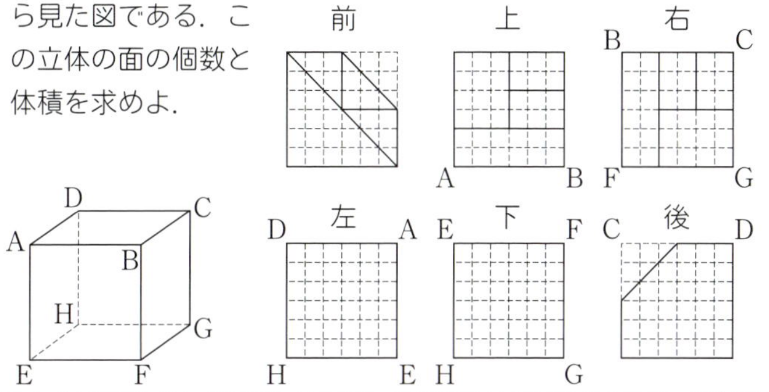

前　上　右
左　下　後

64-1 難易度 A

△ABD, △ACD, △BCD は直角三角形. この立体の表面積を求めよ.

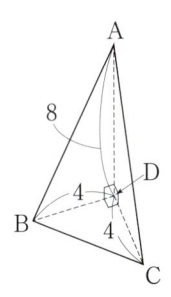

64-2 難易度 D

底面は正方形で, 側面は頂角45°の二等辺三角形. この立体の表面積を求めよ.

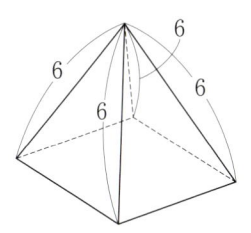

64-3 難易度 A

立方体から4すみを切り取った立体. 切り口は二等辺三角形. この立体の表面積を求めよ.

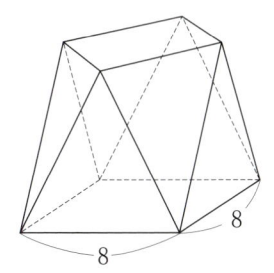

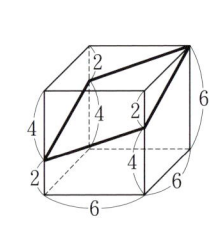

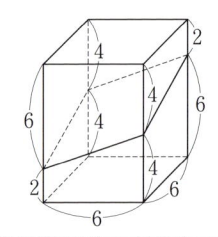

63-4

2つの三角すい PABC, PDEF は相似で,
対応する辺の長さの比は, AC:DF=3:2
であり, 体積比は,
 $3×3×3:2×2×2=27:8$
図の網目部分の相似に目をつけると,
 $6:2=ア:4$ より, ア=12 であり,
立体 DEF-ABC の体積は,
 (三角すい PDEF)$×\dfrac{27-8}{8}$
 $=\{(4×4÷2)×12÷3\}×\dfrac{19}{8}=76$
求める体積は, $6×6×6-76=$ **140**

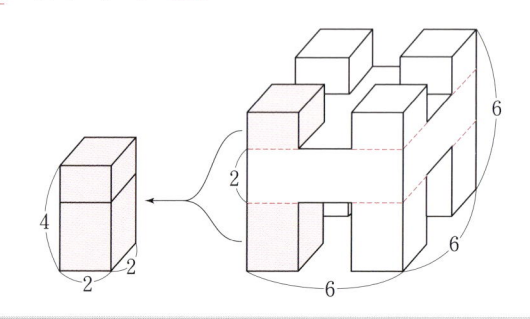

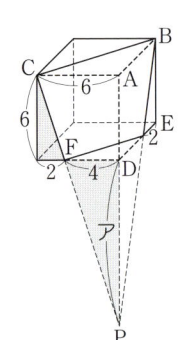

63-3

1辺が6の立方体から切り出した立体である.
これと同じ立体を組み合わせると右図のようになるので,
求める体積は,
 $6×6×(2+6)÷2=$ **144**

63-2

求める体積は,
 $2×2×4×4+6×6×2=$ **136**

アミ部の体積

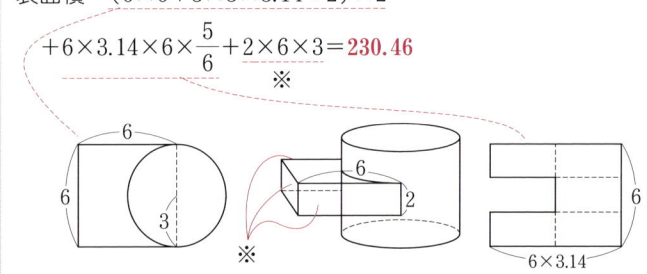

63-7

面の数は **13** 個
面 AFE に平行な平面で 2 ごとに切り, 3 つに分けて考えると
それぞれの立体は角柱になっており, 底面積は面 AFE に近い
方から順に
 $6×6÷2=18$
 $6×6-3×3=27$
 $6×6-3×3÷2=31.5$
よって, 求める体積は
 $(18+27+31.5)×2=$ **153**

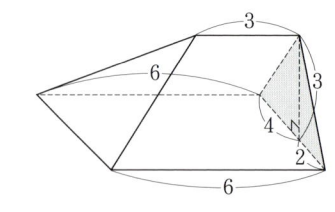

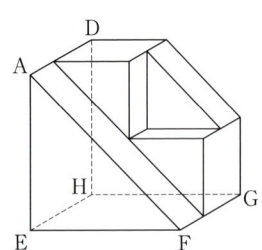

63-6

体積
 $3×3×3.14×6+(6×6-3×3×3.14÷2)×2=$ **213.3**
表面積 $(6×6+3×3×3.14÷2)×2$
 $+6×3.14×6×\dfrac{5}{6}+2×6×3=$ **230.46**
 ※

63-5

三角柱から三角すいを切り取った形と考えられる.
網目の面積は, $(4+2)×3÷2=9$
体積は, $9×\dfrac{6+6+3}{3}=$ **45**

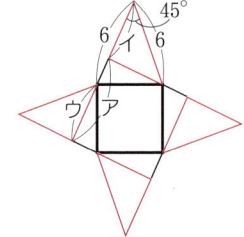

64-3

アカい三角すいの展開図は右下のようになる.
アカ網部の面積は,
 $8×8-8×4÷2×2-4×4÷2=24$
求める面積は,
 $8×8+8×8÷2$
  $+(8×8÷2)×4+24×4=$ **320**

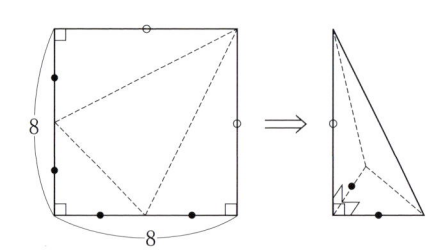

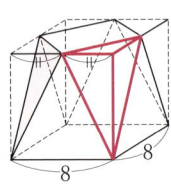

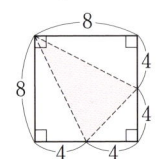

64-2

展開図を図のように, アカい直角二等辺三角形と太線の正方形
に分ける.
ア+イ=ウ+6で, イ=ウなので, ア=6
求める面積は,
 $6×6÷4×4+6×6=$ **72**

64-1

この立体は, 1辺の長さが8の正方形を, 下図の点線で折って
組み立てることができる.
求める表面積は, この正方形の面積と等しく, $8×8=$ **64**

64-4 難易度 C
1辺が10の立方体を4個くっつけた立体．面ABCで切るとき，切断面の面積を求めよ．

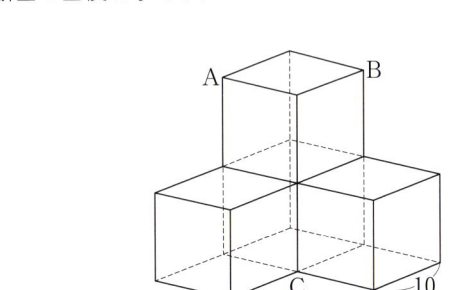

65-1 難易度 A
一辺が6cmの立方体．●を結んでできる立体の体積を求めよ．

65-2 難易度 B
●は辺の真ん中の点．AB＝6のとき，この正四面体の体積と●を結んでできる立体の体積を求めよ．

65-3 難易度 A
直方体から切り出した立体．この立体の体積を求めよ．

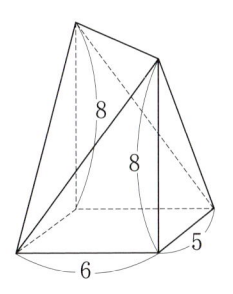

65-4 難易度 A
すべての辺の長さが等しい四角すいがある．高さが9のとき四角すいの体積を求めよ．

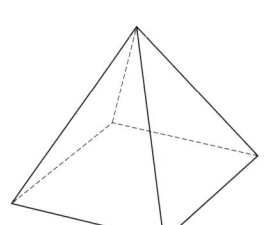

65-5 難易度 A
側面がすべて正三角形の正四角すいの展開図．正四角すいの体積を求めよ．

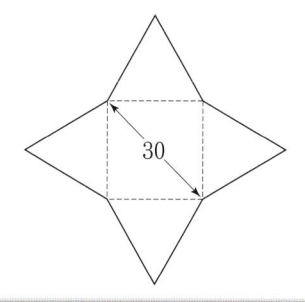

65-6 難易度 D
この展開図は，正方形，正三角形，直角二等辺三角形からなっている．この展開図を組み立ててできる立体の体積を求めよ．

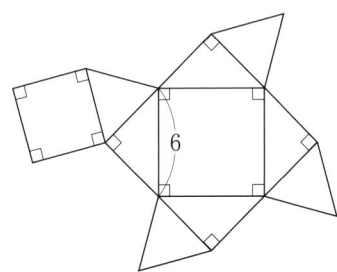

65-7 難易度 C
一辺が6の立方体．●は辺の真ん中の点．Aと●を結んでできる六角すいの体積を求めよ．

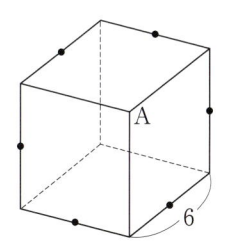

65-8 難易度 C
つみ木A，つみ木Bの1辺の長さはすべて2である．つみ木A，つみ木Bをいくつか組み合わせて，一辺の長さが4のつみ木Aと同じ形をした立体を作る．A，Bはそれぞれ何個必要か．

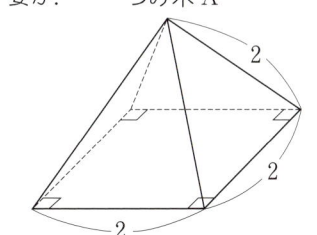

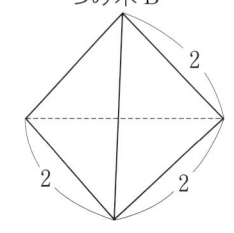

64-4

△ABC の面積は $20\times20-10\times10\div2-20\times10\div2\times2=150$

切断面の面積は，$150\times\dfrac{4+3+3}{4}=375$

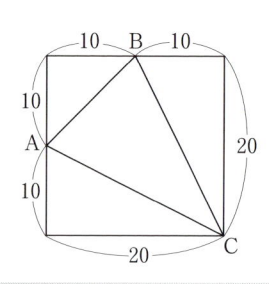

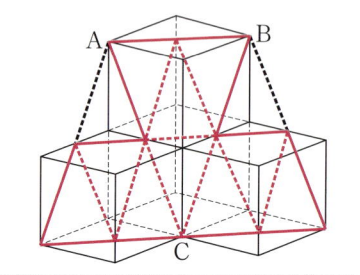

65-1

立方体から 4 つの三角すいを取り除いて，
$6\times6\times6-6\times6\div2\times6\div3\times4=72$

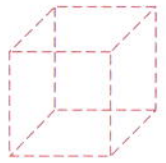

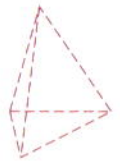

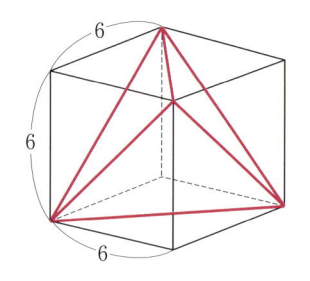

65-2

正四面体 CDEF の体積は，
$6\times6\times6$
　$-6\times6\div2\times6\div3\times4=72$

真ん中の点を結んでできる立体は，
正八面体で，体積は，
$6\times6\div2\times3\div3\times2=36$

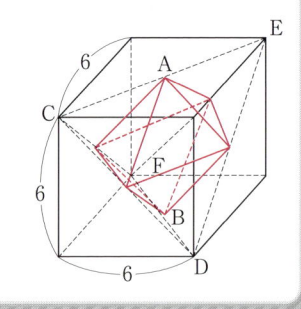

65-3

直方体から，2 つの三角すいを取り除いて，
$8\times6\times5-6\times5\div2\times8\div3\times2=160$

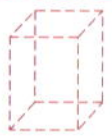

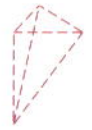

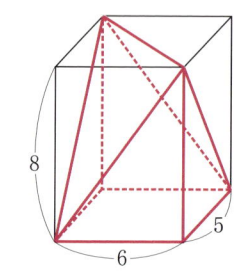

65-4

求める体積は，
$18\times18\div2\times9\div3=486$

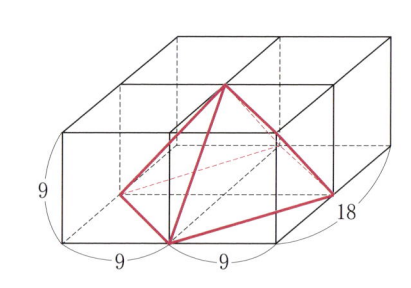

65-5

$30\times30\div2\times15\div3=2250$

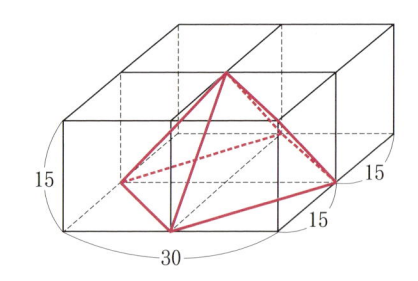

65-6

直方体から，4 個の三角すいを取り除いて，
$6\times6\times3-3\times3\div2\times3\div3\times4=90$

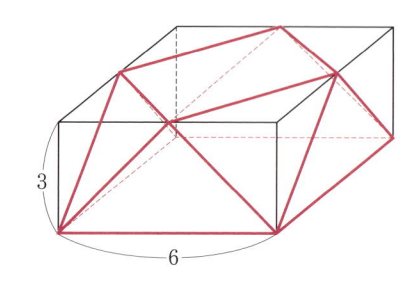

65-7

底面の正六角形は立方体を 2 等分する．
2 等分してできた立体から，3 個の三角すいを取り除いて，
$6\times6\times6\div2-3\times3\div2\times6\div3\times3=81$

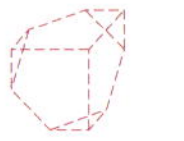

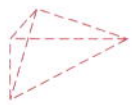

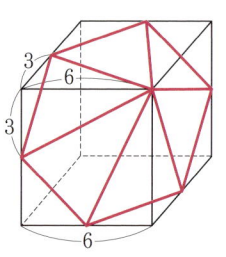

65-8

A は 6 個，B は 4 個．

[A を 4 個並べ，その間にアカ破線のように正四面体をはめ込む．次に，下向きの A を真ん中に入れる．2 段目に A を置く．]

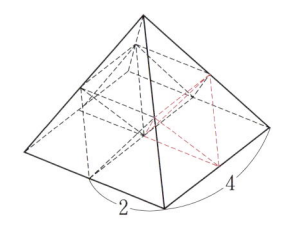

66-1 難易度 A
一辺が 2 の正方形を並べた図形．直線 l を中心に 1 回転させてできる立体の体積と表面積を求めよ．

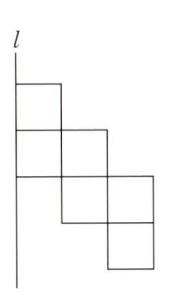

66-2 難易度 A
アカ網部の図形を直線 l の周りに 1 回転させてできる立体の体積を求めよ．

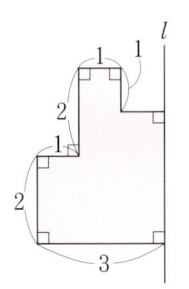

66-3 難易度 C
アカ網部の 2 つの正方形を直線 l の周りに 270° 回転させてできる立体の体積を求めよ．

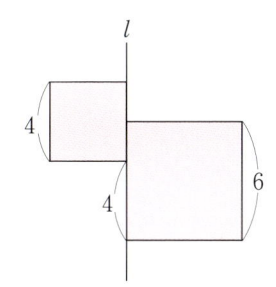

66-4 難易度 A
アカ網の図形を直線 l に関して 1 回転させてできる立体の体積を求めよ．

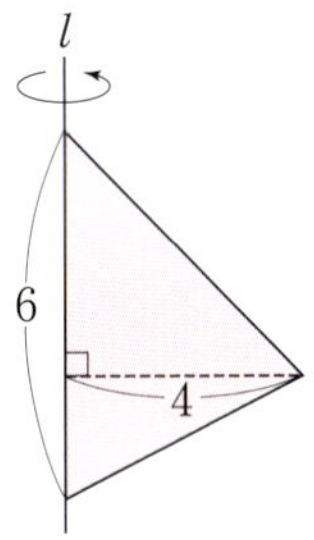

66-5 難易度 A
合同な三角形を，直線 l を中心に 1 回転した立体 P と，直線 m を中心に 1 回転した立体 Q の体積比を求めよ．ただし，左図で一辺は軸に平行．

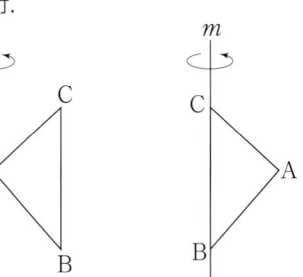

66-6 難易度 A
アカ網の図形を直線 l の周りに 1 回転してできる立体の体積を求めよ．

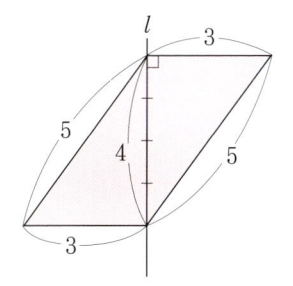

66-7 難易度 B
アカ網部の図形を直線 l の周りに 1 回転させてできる立体の体積を求めよ．

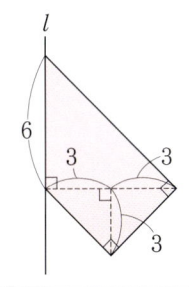

66-8 難易度 C
アカ網部の正方形を直線 l の周りに 1 回転させてできる立体の体積を求めよ．

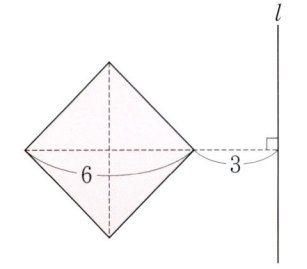

66-9 難易度 D
アカ網部の図形を直線 l に関して 180° 回転したときの表面積を求めよ．

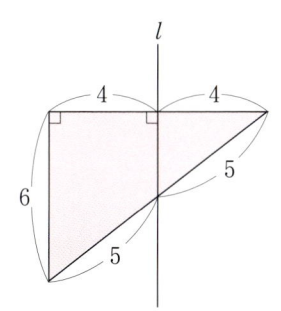

66-1

㋐を㋑，㋒を㋓のところに移して回転しても，作られる立体の体積は変わらない．
　よって，アカ太線の長方形を回転させるときにできる立体の体積を求めればよい．
求める体積は，$6×6×3.14×4=452.16$
　求める表面積は，　$6×6×3.14×2$
$+2×2×3.14×4+4×2×3.14×4$
　　　　①　　　　　　　②
$+6×2×3.14×4=168×3.14=527.52$
　③

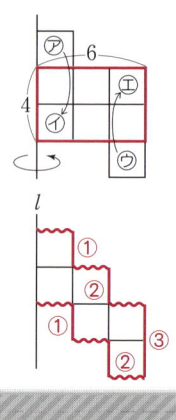

66-2

底面の半径が 2，高さが 2 の円柱と，底面の半径が 3，高さが 2 の円柱をたし，そこから底面の半径が 1，高さが 1 の円柱をひく．求める体積は，
　$2×2×3.14×2+3×3×3.14×2$
　　$-1×1×3.14×1$
　$=(8+18-1)×3.14=78.5$

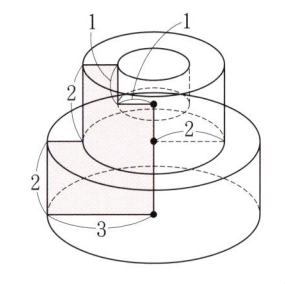

66-3

アの底面積は，打点部の面積
イの底面積は，右図全体の面積
ウの底面積は，アカ網部の面積
$4×4×3.14×\frac{3}{4}×2$ ア
$+4×4×3.14×\frac{1}{4}×2+6×6×3.14×\frac{3}{4}×2$ イ
$+6×6×3.14×\frac{3}{4}×4=609.16$ ウ

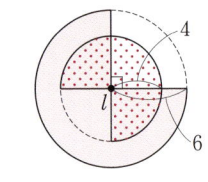

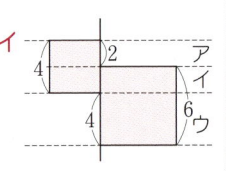

66-4

2 つの円すいを合わせたものと見る．
求める体積は，
$4×4×3.14×□÷3+4×4×3.14×△÷3$
$=4×4×3.14×(□+△)÷3$
$=4×4×3.14×6÷3=100.48$

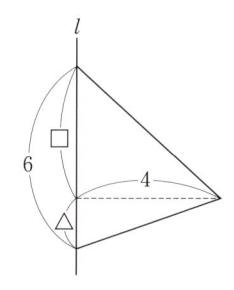

66-5

Q を 2 つ円すいに分け，P に入れると底面積が S で高さ a の円柱になる．
$P+Q=S×a$，
$Q=S×a÷3$ より
$(P+Q):Q=3:1$
よって，$P:Q=2:1$

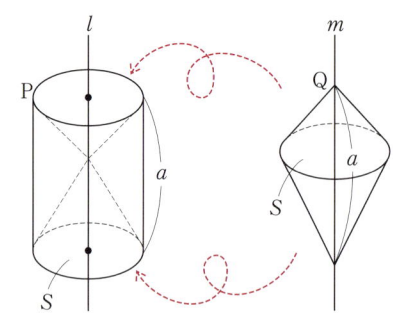

66-6

右図を l のまわりに 1 回転してできる立体の体積を求めればよい．この立体は，下の図のように，"大きな円すいを 2 個合わせたもの"から"小さな円すいを 2 個合わせたもの"を取り除いたもので，求める体積は，
$(3×3×3.14×4÷3)×2-(1.5×1.5×3.14×2÷3)×2$
$=(24-3)×3.14=65.94$

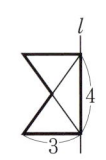

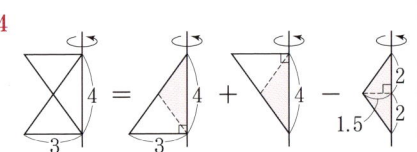

66-7

底面の半径が 6，高さが 6 の円すい 2 つ分から，底面の半径が 3，高さが 3 の円すい 2 つ分（アカ網目）を引く．
　$(6×6×3.14×6÷3)×2$
　　$-(3×3×3.14×3÷3)×2$
$=(144-18)×3.14=395.64$

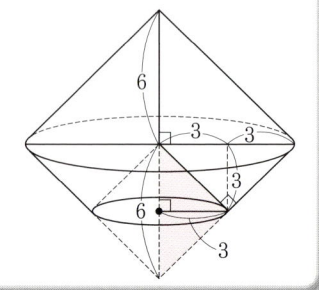

66-8

正方形の上半分の回転体を考える．この図形の回転体の体積は，
$9×9×3.14×9÷3$
　ア
$-\{(6×6×3.14×6÷3)×2$
　　　　　イ
$-3×3×3.14×3÷3\}$
　　　　ウ
$=\{243-(144-9)\}×3.14=339.12$
よって，求める体積は，$339.12×2=678.24$

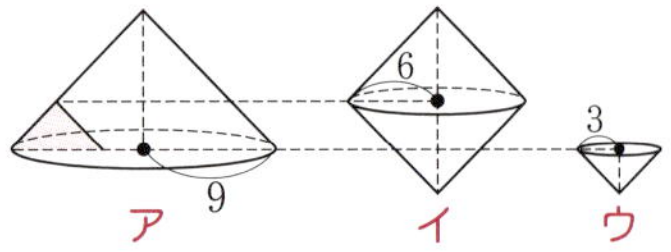

66-9

求める表面積は，
円すいの側面積（アカ網部）
$+$円柱の側面積の半分
$+$円柱の底面積$+△ABC×2$
$=5×4×3.14+8×3.14×6÷2$
$+4×4×3.14+6×4÷2×2=212.4$

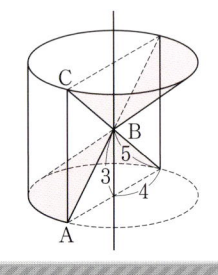

66-10 難易度 B
直線 l を軸にしてアカ網部の図形を 180° 回転したときできる立体の表面積を求めよ．

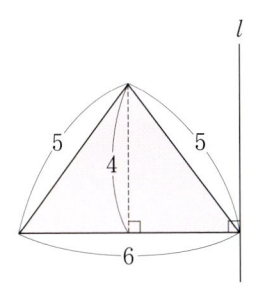

67-1 難易度 A
この円すいの側面積と体積を求めよ．

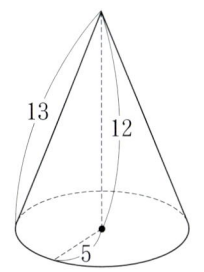

67-2 難易度 A
この円すいの側面を平面に置き転がす．もとの位置に戻るまで何回転するか．

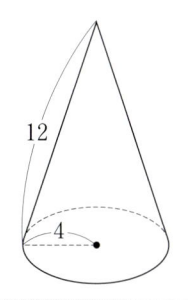

67-3 難易度 A
円すい台の側面を平面に置き転がす．もとの位置に戻るまでに何回転するか．

67-4 難易度 A
左図の円すいの密閉できる容器に水を入れ傾けると右のようになる．水の体積を求めよ．

67-5 難易度 A
円すいを底面と平行な面で切った立体．この立体の体積を求めよ．

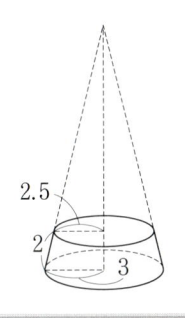

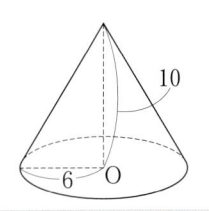

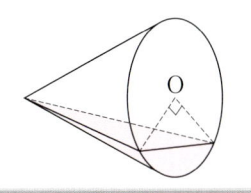

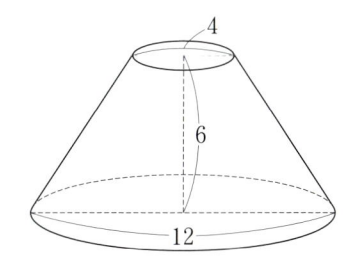

68-1 難易度 A
1 辺の長さが 6 の立方体を ● の 3 点を通る平面で切る．このときできる立体で A を含む方の体積を求めよ．

68-2 難易度 A
1 辺の長さが 6 の立方体を ● の 3 点を通る平面で切る．このときできる立体で，A を含む立体の体積を求めよ．

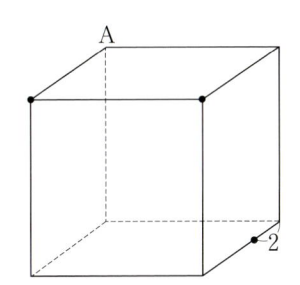

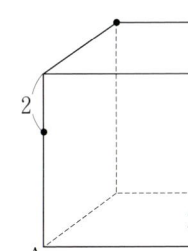

68-3 難易度 C
1 辺の長さが 12 の立方体を ● の 3 点を通る平面で切る．このときできる立体のうち，A を含む立体の体積を求めよ．

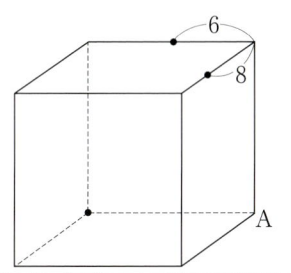

67-2

$\dfrac{12 \times 2 \times 3.14}{4 \times 2 \times 3.14} = \dfrac{12}{4} = 3$(回転)

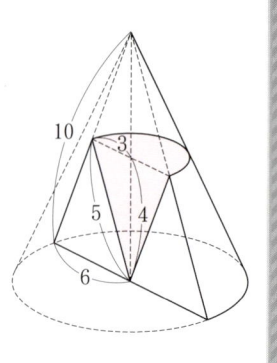

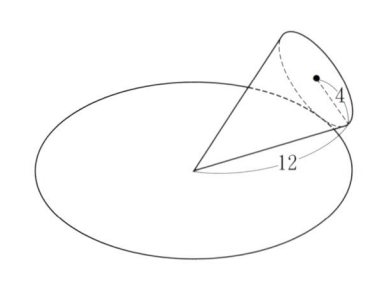

67-1

側面積は，
  $13 \times 5 \times 3.14 = 204.1$
体積は，
  $5 \times 5 \times 3.14 \times 12 \div 3 = 314$

66-10

$10 \times 6 \times 3.14 \div 2 \times \dfrac{3}{4} + 5 \times 3 \times 3.14 \div 2$
  外側面   アミ目部
$+ 6 \times 6 \times 3.14 \times \dfrac{1}{2} + 6 \times 4 \div 2 \times 2$
  底面   3角形2つ
$= 48 \times 3.14 + 24 = 174.72$

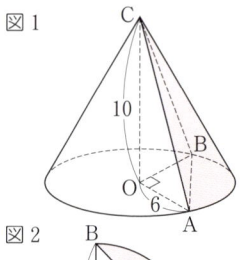

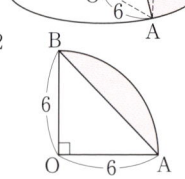

67-5

ア：イ $= 2:6 = 1:3$

イ $= 6 \times \dfrac{3}{3-1} = 9$，ア $= 9 - 6 = 3$

求める体積は，
  $6 \times 6 \times 3.14 \times 9 \div 3$
    $- 2 \times 2 \times 3.14 \times 3 \div 3$
  $= (108 - 4) \times 3.14$
  $= 326.56$

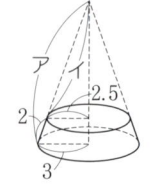

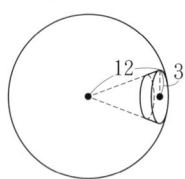

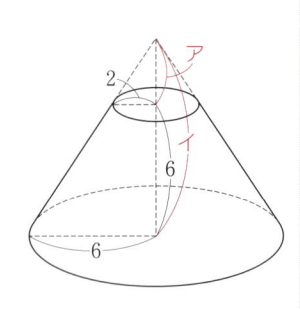

67-4

図1のアカ網の立体は，図2のアカ網部を底面とする "すい体" である．
よって，体積は，
$(6 \times 6 \times 3.14 \div 4 - 6 \times 6 \div 2)$
  $\times 10 \div 3 = 34.2$
注 円すいの4分の1から，三角すいC-OABを取り除くと考えてもよい．

67-3

ア：イ $= 3:2.5 = 6:5$

ア $= 2 \times \dfrac{6}{6-5} = 12$

$\dfrac{12 \times 2 \times 3.14}{3 \times 2 \times 3.14} = \dfrac{12}{3} = 4$(回転)

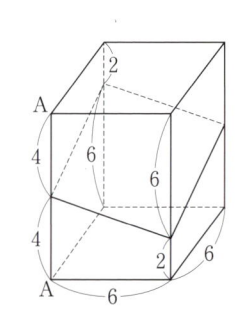

68-3

三角形の相似を用いて，ア，イの順で長さを求める．ア $= 24$，イ $= 16$
太線の三角すいと，アカ網の三角すいは相似で，相似比は，高さの比から
  $24:12:6 = 4:2:1$
体積比は，
  $4 \times 4 \times 4 : 2 \times 2 \times 2 : 1 \times 1 \times 1 = 64:8:1$
求める体積は，
  $12 \times 16 \div 2 \times 24 \div 3 \times \dfrac{64-8-1}{64} = 660$

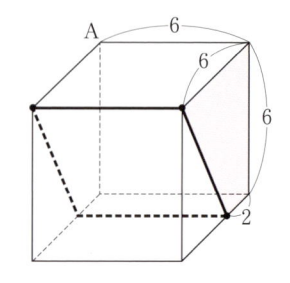

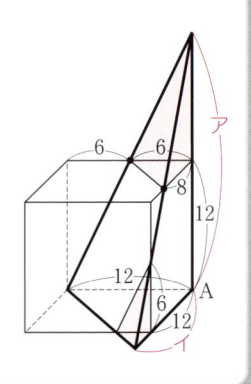

68-2

直方体を平面で切断した図形と見る．合同な図形を2つ合わせて右のような直方体を作る．
  $6 \times 6 \times (6+2) \div 2 = 144$

68-1

アカ網の台形を底面とする四角柱の体積を求めて，
$(6+2) \times 6 \div 2 \times 6 = 144$

68-4 難易度 B

1辺の長さが6の立方体を●の3点を通る平面で切る．このときできる立体でAを含むものの体積を求めよ．

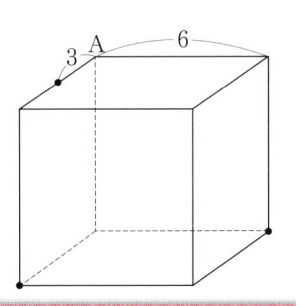

68-5 難易度 A

1辺の長さが6の立方体を●の3点を通る平面で切る．このときできる立体でAを含む方の体積を求めよ．

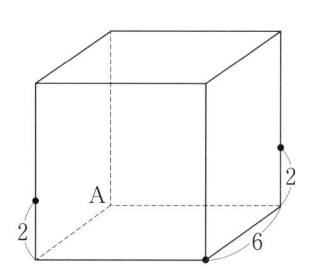

68-6 難易度 C

1辺の長さが6の立方体を●の3点を通る面で切る．このときできる立体のうち，Aを含む立体の体積を求めよ．

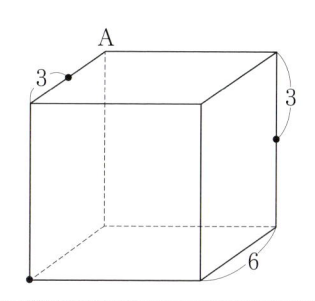

68-7 難易度 A

1辺の長さが6の立方体を●の3点を通る平面で切ったときできる立体でAを含むものの体積を求めよ．

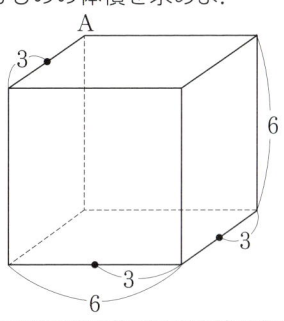

68-8 難易度 D

1辺の長さが6の立方体を●の3点を通る平面で切るときにできる立体でAを含むものの体積を求めよ．

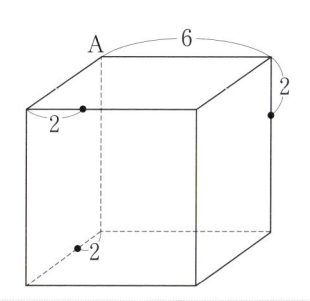

68-9 難易度 B

底面が一辺4の正方形，高さが8の直方体を●の3点を通る平面で切る．このときできる立体のうちAを含む方の体積を求めよ．

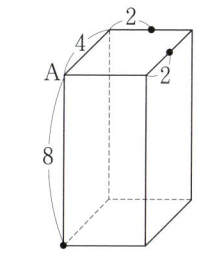

69-1 難易度 B

三角柱を●の3点を通る平面で切るとき，Aを含む立体とBを含む立体の体積比を求めよ．

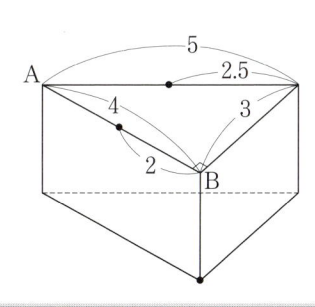

69-2 難易度 C

直方体を重ねた立体を●の3点を通る平面で切る．このときできる立体でAを含む方の体積を求めよ

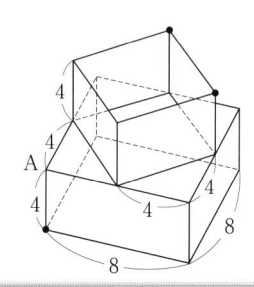

69-3 難易度 B

一辺が9の立方体に含まれる正四面体を●の3点を通る平面で切るとき，分かれてできた立体のうち，Aを含む方の体積を求めよ．

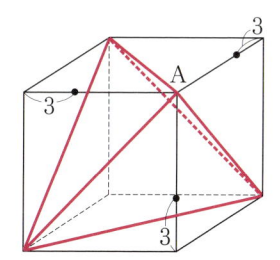

68-6

ア，イ，ウの順で長さを求めると，ア＝6，イ＝4，ウ＝2
求める立体（アカ線の立体）は，三角すい PQRS から，2つ
の三角すいを取り除いた立体である．
三角すい PQRS との相似比は，
（ア＋6）：ア：3＝12：6：3＝4：2：1
体積比は，
$4\times4\times4:2\times2\times2:1\times1\times1=64:8:1$
求める体積は，
$6\times8\div2\times12\div3\times\dfrac{64-8-1}{64}=$ **82.5**

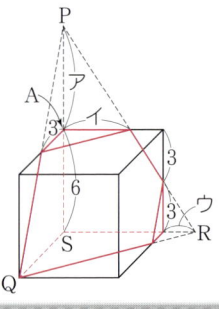

68-5

59. 柱を切る の考え方を用いる．
$6\times6\times(2+2)\div2=$ **72**

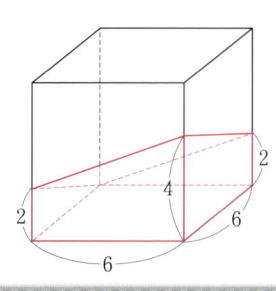

68-4

アカ太線の三角すい台の体積を求める．
切り口の面と辺の延長線の交点を P とすると，PQ＝12
求める体積は，
$(6\times6\div2)\times12\div3-(3\times3\div2)\times6\div3=$ **63**

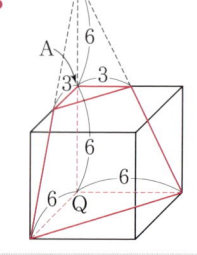

68-9

求める立体は，三角すい ABCD から 2 個の三角すいを取り除
いたものである．
三角すい ABCD と取り除く三角すい
の相似比は，（4＋2）：2＝3：1
体積比は，$3\times3\times3:1\times1\times1=27:1$
求める体積は，
$6\times6\div2\times8\div3\times\dfrac{27-1\times2}{27}=$ **44$\dfrac{4}{9}$**

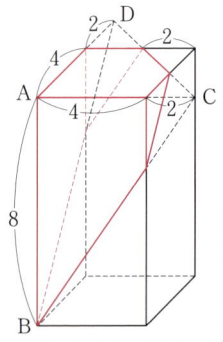

68-8

辺の真ん中の点を結んで作る正六角形と平行なまま少しずらし
た平面で切ると考える．
求める立体は，三角すい ABCD から 3 個の三角すいを取り除
いたものである．
三角すい ABCD と取り除く三角
すいの相似比は，（6＋2）：2＝4：1
体積比は，$4\times4\times4:1\times1\times1=64:1$
答は，$8\times8\div2\times8\div3\times\dfrac{64-1\times3}{64}=$ **81$\dfrac{1}{3}$**

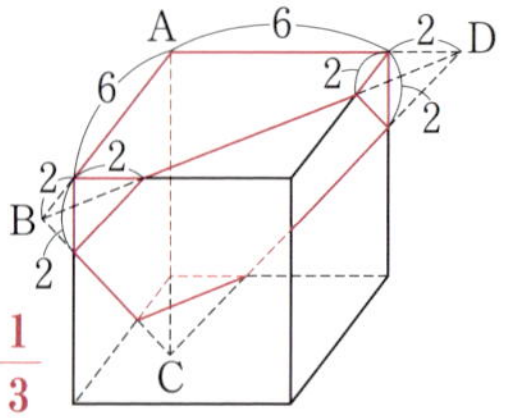

68-7

この平面によって合同な2つの立体に切り分けられるので，求
める体積は，$(6\times6\times6)\div2=$ **108**

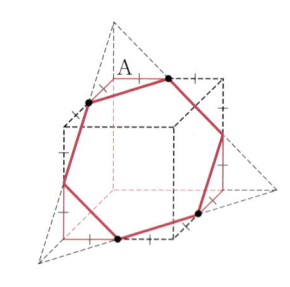

69-3

図より，AB：BC＝1：2
なので，もとの正四面体と求める立体
の相似比は 3：1
体積比は，$3\times3\times3:1\times1\times1=27:1$
もとの正四面体の体積は，
$9\times9\times9-9\times9\div2\times9\div3\times4=9\times9\times3$
求める体積は，$9\times9\times3\times\dfrac{1}{27}=$ **9**

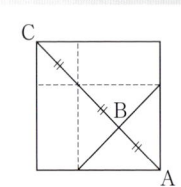

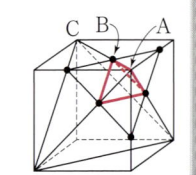

69-2

ア＝④とすると，イ＝②，ウ＝③，
エ＝①であり，オ＝$8\times\dfrac{3}{3+1}=6$
求める立体を上下に分け，
$8\times8\div2\times4\times\dfrac{4+1}{4+4}+6\times6\div2\times4\div3$
＝**104**

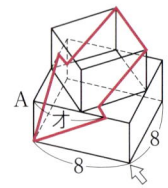

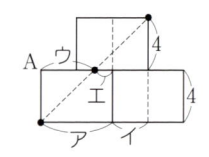

69-1

三角柱の高さを h とする．
アカ太線の三角すい台の体積を求める．
三角すい CDEF と取り除く三角すいの相似比は 2：1
体積比は，$2\times2\times2:1\times1\times1=8:1$
三角すい台の体積は，
$3\times4\div2\times(h\times2)\div3\times\dfrac{8-1}{8}=h\times\dfrac{7}{2}$
三角柱の体積は，$3\times4\div2\times h=h\times6$
体積比は，$h\times\dfrac{7}{2}:\left(h\times6-h\times\dfrac{7}{2}\right)=$ **7：5**

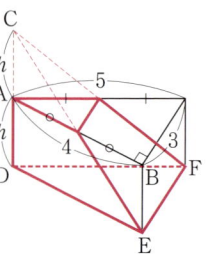

69-4 難易度 B
一辺が9の立方体に含まれる正四面体を●の3点を通る平面で切る．このとき正四面体は2つの立体に分かれる．このうちAを含む方の体積を求めよ．

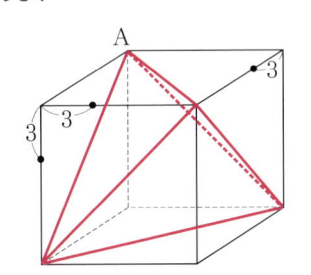

69-5 難易度 B
直方体を切った図形．●の3点を通る平面で切ったときにできる立体のうち，Aを含む立体の体積を求めよ．

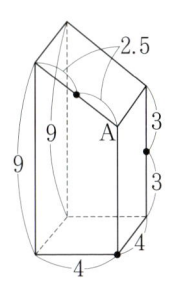

69-6 難易度 C
底面積60，高さ12の正六角柱．●の3点を通る面で切ってできる立体のうちAを含むものの体積を求めよ．

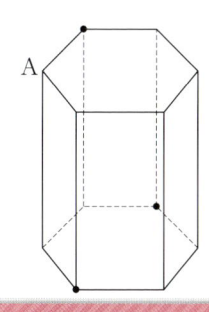

69-7 難易度 B
直方体から直方体をとった立体．●の3点を通る面で切ったときできる図形でAを含むものの体積を求めよ．

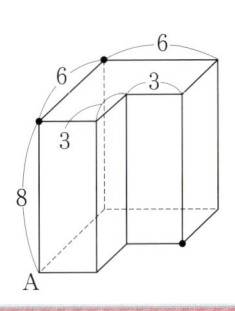

69-8 難易度 C
厚さ1の板で作った立方体．●の3点を通る平面で切ったときできる立体で，Aを含む立体の体積を求めよ．

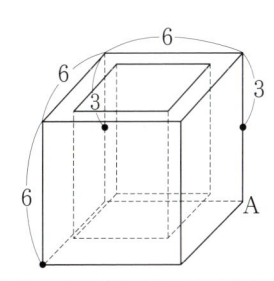

70-1 難易度 A
三角すいを図のように平面で切って，2つの立体に分けたとき，●を含む立体の体積ともとの三角すいの体積の比を求めよ．

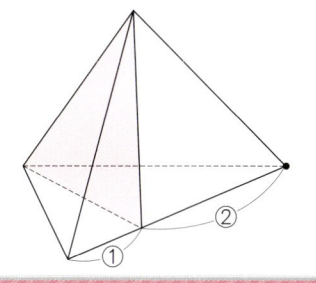

70-2 難易度 A
三角すいを図のように平面で切って，2つの立体に分けたとき，●を含む立体の体積ともとの三角すいの体積の比を求めよ．

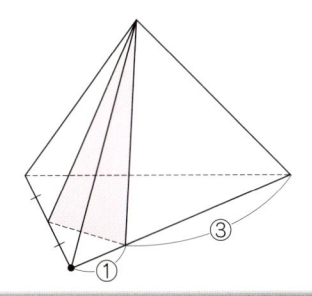

70-3 難易度 A
三角すいを図のように切って，2つの立体に分けたとき，●を含む立体の体積ともとの三角すいの体積の比を求めよ．

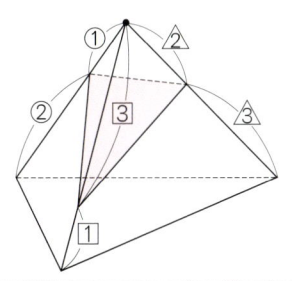

70-4 難易度 C
三角すいを●を通る面で切って，2つの立体に分けたとき，Aを含む立体の体積ともとの三角すいの体積の比を求めよ．

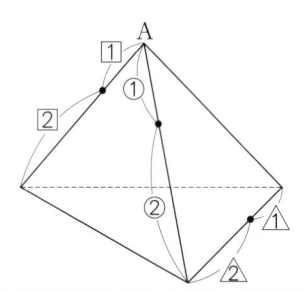

69-6

求める立体と右図の四角すいの体積比は，⇒方向の断頭三角柱と見て，
$(1+1+2):(1+1+0)=2:1$
四角すいの体積は，正六角柱を6等分した三角柱の3分の2であり，
$60×12×\dfrac{1}{6}×\dfrac{2}{3}=80$
求める体積は，$80×2=160$

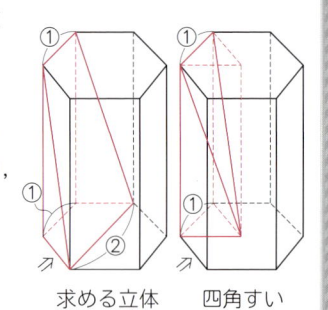

求める立体　四角すい

69-5

ア：イ$=6:3=2:1$より，ア$=8$
三角すいBACDと破線の三角すいの相似比は$2:1$．
体積比は$2×2×2:1×1×1=8:1$
アカ太線の三角すい台の体積は，
$2×6÷2×8÷3×\dfrac{8-1}{8}=14$

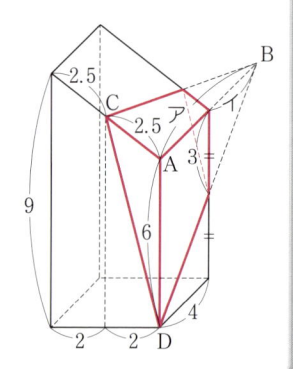

69-4

求める立体は正四面体であり，もとの正四面体との相似比は$2:3$．体積比は，$2×2×2:3×3×3=8:27$
求める体積は，$(9×9×9-9×9÷2×9÷3×4)×\dfrac{8}{27}=72$

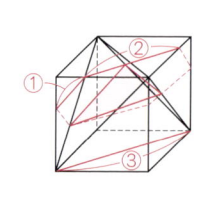

切り口の六角形と正四面体の断面　　正四面体の1面

70-1

高さが等しい2つの三角すいの体積比は底面積の比に等しく，
$2:3$

69-8

ア：$1=6:3$より，ア$=2$　イ$=1+4-$ア$=5-2=3$
イ：ウ$=6:3$より，ウ$=1.5$
求める立体は，アカ太線の三角柱からアカ破線の三角柱を取り除いたものであり，$6×3÷2×6-3×1.5÷2×4=45$

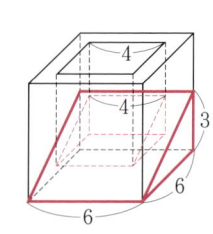

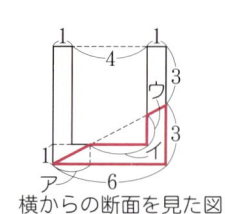

横からの断面を見た図

69-7

求める体積は，
$8×6÷2×6-4×3÷2×3=126$

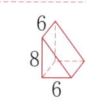

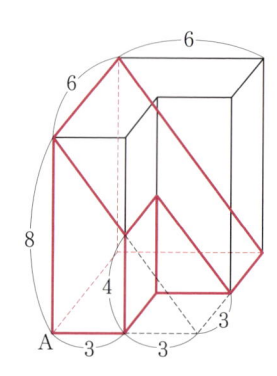

70-4

AB，CDが水平になるように見ると，切る平面は$1:2$に分けるところにあるので，ア：イ$=2:1$
求める立体を，AB方向が高さの断頭三角柱と捉える．
ウ：エ：オ$=3:2:2$
求める体積比は，
$1×1×(3+2+2):3×3×(3+0+0)$
$=7:27$

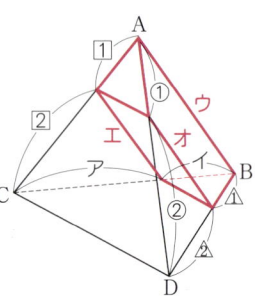

70-3

求める比は，
$1×3×2:(1+2)×(3+1)×(2+3)=1:10$

70-2

高さが等しい2つの三角すいの体積比は底面積の比に等しく，
$1×1:(1+1)×(1+3)=1:8$

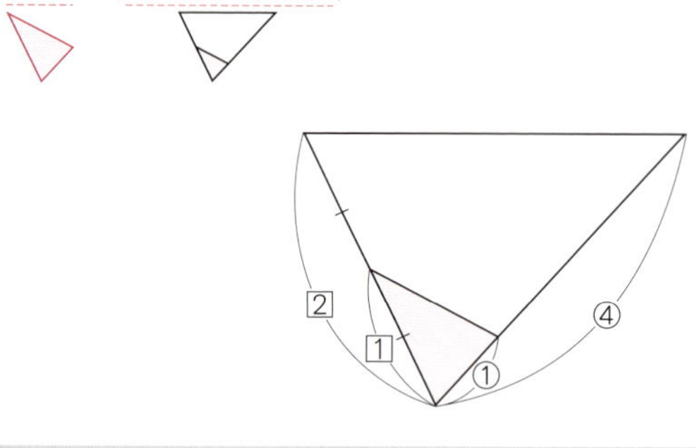

70-5 難易度 A

三角すいを●を通る面で切るときできる立体のうち A を含む立体の体積を求めよ．

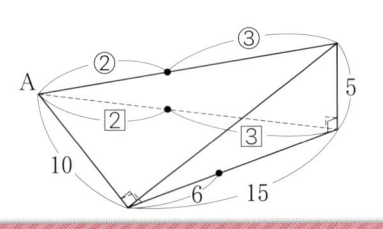

70-6 難易度 C

三角すいを●の3点を通る平面で切るときできる立体で，A を含む立体ともとの三角すいの体積比を求めよ．

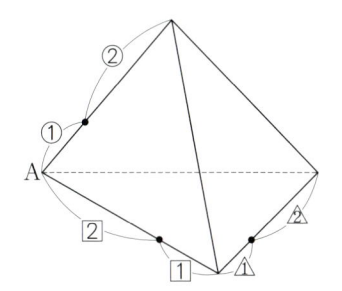

70-7 難易度 D

三角すいを●の3点を通る平面で切って，2つの立体に分けたとき，A を含む立体の体積と A を含まない立体の体積の比を求めよ．

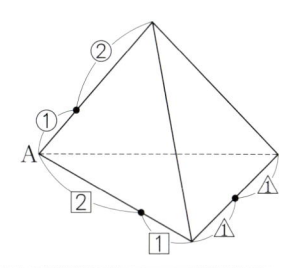

71-1 難易度 A

底面が正方形の四角すいを●の3点を通る平面で切って，2つの立体に分けたとき，A を含む立体の体積ともとの四角すいの体積の比を求めよ．

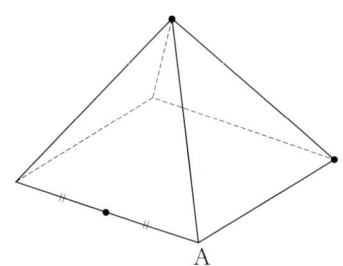

71-2 難易度 A

底面が正方形の四角すいを●の3点を通る平面で切って，2つの立体に分けたとき，A を含む立体の体積ともとの四角すいの体積の比を求めよ．

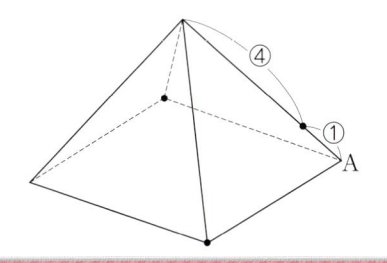

71-3 難易度 B

四角すいを●を通る面で切るときできる立体で A を含む立体の体積は，もとの四角すいの体積の何倍か．

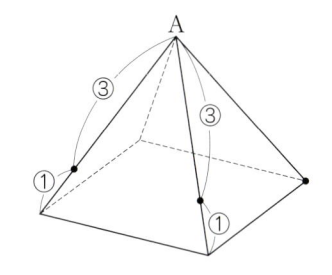

71-4 難易度 B

正四角すいを，●の3点を通る平面で切ってできる立体のうち，A を含む立体の体積はもとの四角すいの何倍か．

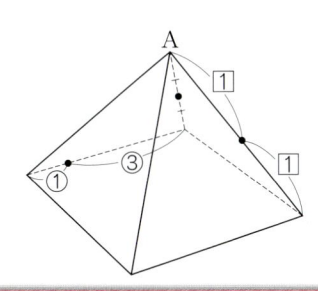

71-5 難易度 C

正四角すい A-BCDE を平面 BPRQ で切る．
AB＝AC＝AD＝AE＝15
BD＝EC＝18，AO＝12
EQ＝5，CP＝7.5，AR＝6 のとき，
四角すい A-BPRQ の体積を求めよ．

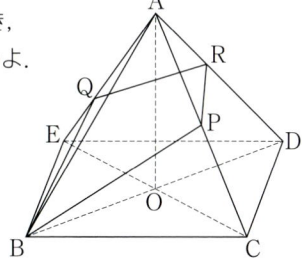

71-6 難易度 D

正四角すい A-BCDE を平面 BPRQ で切る．
AB＝AC＝AD＝AE＝15
BD＝EC＝18，AO＝12
EQ＝5，CP＝7.5 のとき，
AR の長さを求めよ．

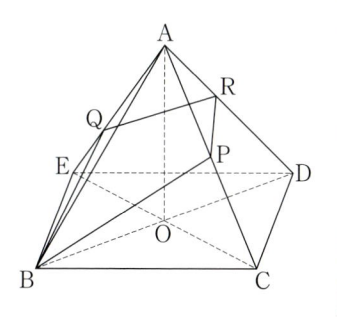

70-7

$\frac{2}{1} \times \frac{2}{1} \times \frac{1}{1} \times \frac{イ}{ア} = 1$ より，ア：イ＝4：1

求める立体を三角すい E-ABC と四角すい E-ACFG に分けて考える．もとの三角すいの体積を 1 として，

三角すい E-ABC は，$\frac{1}{3} \times \frac{2}{3} \times \frac{4}{5} = \frac{8}{45}$

四角すい E-ACFG は，

$\left(1 - \frac{1}{3} \times \frac{1}{2}\right) \times \frac{1}{5} = \frac{1}{6}$

求める比は，$\left(\frac{8}{45} + \frac{1}{6}\right) : \left(1 - \frac{8}{45} - \frac{1}{6}\right) = \mathbf{31 : 59}$

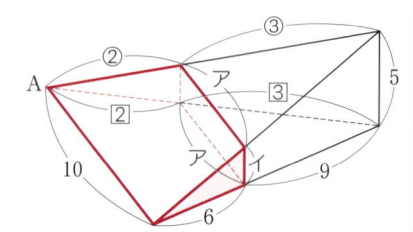

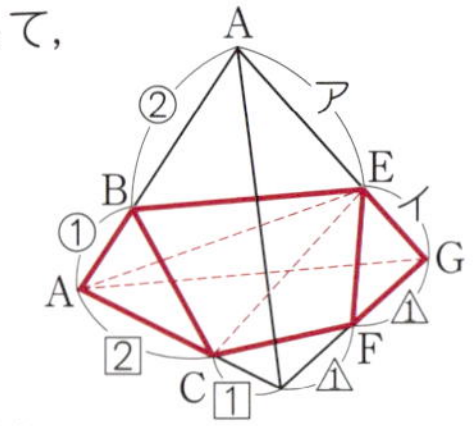

70-6

⇒方向から見て，ア：イ＝2：1
比べる立体を⇒方向の断頭三角柱
と見て，求める比は，
$1 \times 2 \times (\boxed{2} + \boxed{3} + \boxed{1})$
　：$(1+2) \times (2+1) \times (\boxed{3} + \boxed{0} + \boxed{0})$
　＝**4：9**

注　ア：イを計算でもとめるには
「70．三角すいを切る」の
注　メネラウスの定理を用いる

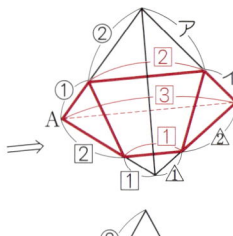

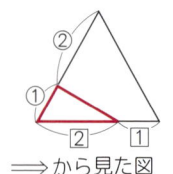

⇒から見た図

70-5

アカ太線の図形が求める立体．②：③＝$\boxed{2}$：$\boxed{3}$＝6：9 より，
10，ア，アの3辺は平行で，アカ太線の図形は，アカ網の三角形を底面として見たときの断頭三角柱である．

底面から，ア：10＝3：5 より，ア＝6
側面から，イ：5＝2：5
より，イ＝2

求める体積は，

$6 \times 2 \div 2 \times \frac{10 + 6 + 6}{3} = \mathbf{44}$

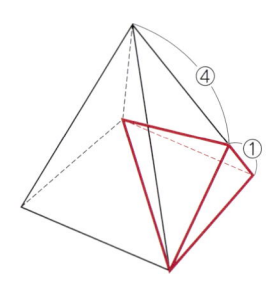

71-3

求める立体を三角すい A-BCD と三角すい A-CDE に分けて考える．もとの四角すいの体積を 1 とすると，

三角すい A-BCD＝$\frac{1}{2} \times \frac{3}{4} \times \frac{3}{4} = \frac{9}{32}$

三角すい A-CDE＝$\frac{1}{2} \times \frac{3}{4}$

答えは，$\frac{9}{32} + \frac{3}{8} = \frac{\mathbf{21}}{\mathbf{32}}$（倍）

（別解）BC 方向の高さを持つ断頭三角柱として計算する．

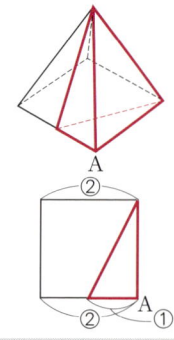

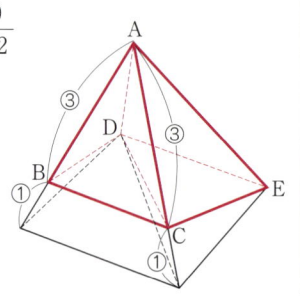

71-2

比べる立体の底面積比が 1：2，高さの比が 1：5 なので，
体積比は，$1 \times 1 : 2 \times 5 = \mathbf{1 : 10}$

71-1

高さが等しい 2 つのすい体の体積比は底面の面積比に等しいので，$1 : (2+2) = \mathbf{1 : 4}$

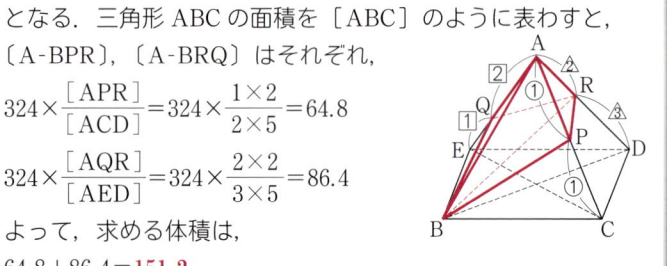

71-6

三角形 ABC の面積を［ABC］のように表す．

［AEC］＝1 とすると，［AQP］＝$\frac{2 \times 1}{3 \times 2} = \frac{1}{3}$

［EOQ］＝$\frac{1 \times 1}{2 \times 3} = \frac{1}{6}$，［CPO］＝$\frac{1 \times 1}{2 \times 2} = \frac{1}{4}$

より，［PQO］＝$1 - \left(\frac{1}{3} + \frac{1}{6} + \frac{1}{4}\right) = \frac{1}{4}$ となる

から，AS：SO＝［AQP］：［PQO］＝4：3

すると，ア：イ：ウ＝4：3：3

AR＝$15 \times \frac{4}{4+3+3} = \mathbf{6}$

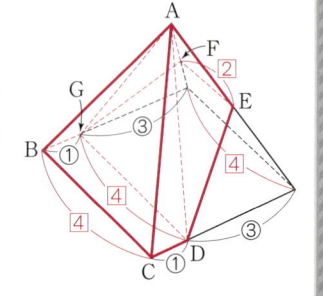

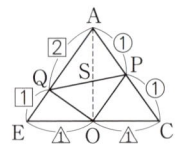

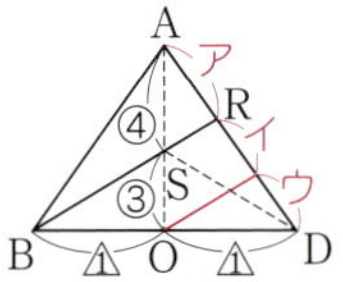

71-5

四角すい A-BCDE の体積を〔A-BCDE〕のように表す．
右図で，〔A-BCD〕＝〔A-DEB〕＝$18 \times 18 \div 2 \times 12 \div 3 \div 2 = 324$
となる．三角形 ABC の面積を［ABC］のように表わすと，
〔A-BPR〕，〔A-BRQ〕はそれぞれ，

$324 \times \frac{[APR]}{[ACD]} = 324 \times \frac{1 \times 2}{2 \times 5} = 64.8$

$324 \times \frac{[AQR]}{[AED]} = 324 \times \frac{2 \times 2}{3 \times 5} = 86.4$

よって，求める体積は，
$64.8 + 86.4 = \mathbf{151.2}$

71-4

求める立体を四角すい A-BCDG と四角すい A-DEFG に分けて考える．もとの四角すいを 1 とすると，

四角すい A-BCDG＝$\frac{1}{4}$，

四角すい A-DEFG は，BC 方向を高さとする断頭三角柱として見て，

$\frac{3}{4} \times \frac{1}{2} \times \frac{\boxed{4} + \boxed{2} + \boxed{0}}{\boxed{4} + \boxed{4} + \boxed{0}} = \frac{9}{32}$

答えは，$\frac{1}{4} + \frac{9}{32} = \frac{\mathbf{17}}{\mathbf{32}}$（倍）

72-1 難易度 A

1辺が6の立方体．面ABGH，面ADGFで切ったときできる立体でEを含む立体の体積を求めよ．

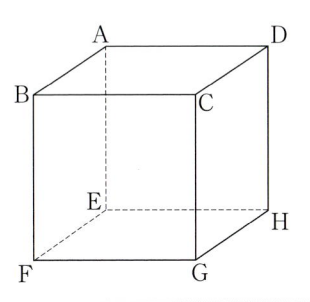

72-2 難易度 B

1辺が6の立方体．面ABGH，面ACFで切ったときできる立体でEを含む立体の体積を求めよ．

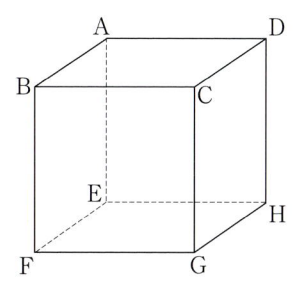

72-3 難易度 B

底面が直角三角形の三角すい．面BDFと面CDEで切ったとき，Aを含む立体の体積を求めよ．

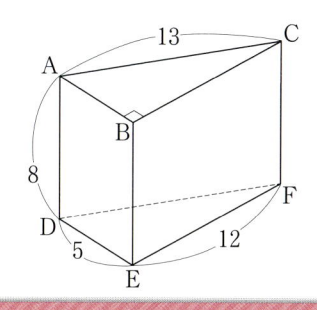

72-4 難易度 B

ABCD-EFGHは体積が72の立方体．MはBFの真ん中の点．面ADMと面ABGで切ったときの立体で，Eを含むものの体積を求めよ．

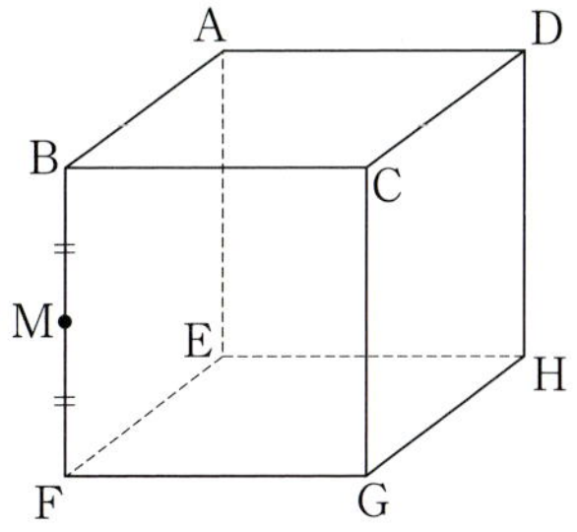

72-5 難易度 B

一辺の長さが6の立方体．●は辺の真ん中の点．面PREF，面PRHG，面QSFG，面QSEHで切ったとき，立方体の中心を含む立体の体積を求めよ．

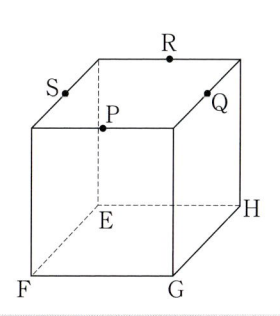

72-6 難易度 B

一辺の長さが6の立方体．●は辺の真ん中の点．面ABJI，面BCKJ，面CDLK，面DAIL，面EBDH，面BFGD，面FJLG，面JEHLで切ったとき，立方体の中心を含む立体の体積を求めよ．

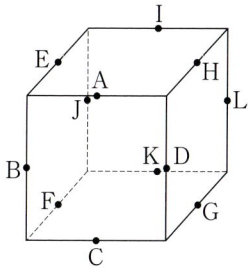

72-7 難易度 B

一辺の長さが6の立方体．●は辺の真ん中の点．面APQC，面BQRD，面CRSA，面DSPBで切ったとき，立方体の中心を含む立体の体積を求めよ．

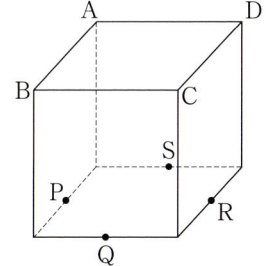

72-8 難易度 A

1辺の長さが6の立方体ABCD-EFGHから面ACF，BDEの上側を取るとき，Hを含む立体の体積を求めよ．

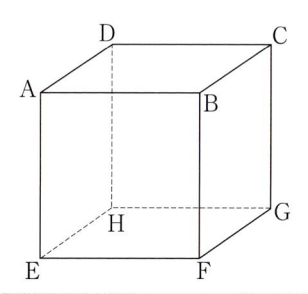

72-9 難易度 C

●は中点．平面PKNR，平面PLMR，平面SKLQを通る平面で切るとき，Oを含む立体の体積はもとの四角すいの何倍か．

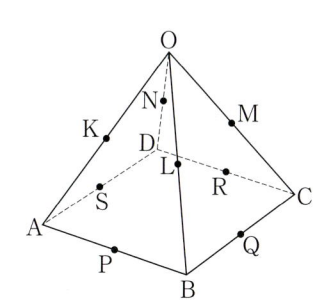

72-1

切断面の交線は AG であり，求める立体はアカ線の四角すいになる．求める体積は，$6×6×6÷3=\mathbf{72}$

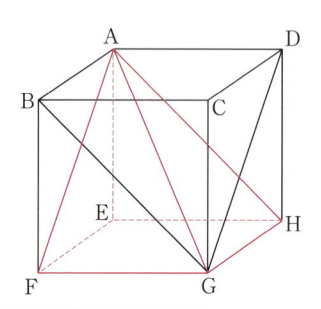

72-2

求める立体は，三角柱 BFG-AEH から三角すい A-BFI を取り除いたもの．求める体積は，$6×6×6÷2-\underset{△BFI}{6×6÷4×6÷3}=\mathbf{90}$

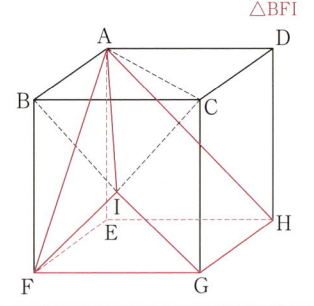

72-3

求める立体を面 BCD で切断して，三角すい D-ABC と三角すい D-BCG に分ける．求める体積は，
$5×12÷2×8÷3+8×12÷4×5÷3=\mathbf{120}$

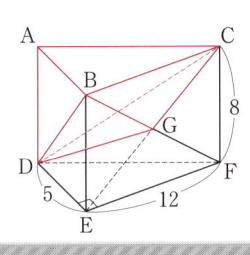

72-4

求める体積（アカ線）は，三角柱 AEH-BFG から，三角すい A-BMK を取り除いたもの．$72×\frac{1}{2}-72×\frac{1}{2}×\frac{1}{4}×\frac{1}{3}=\mathbf{33}$

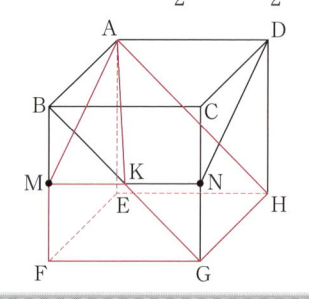

72-5

面 PREF，面 PRHG で切ると三角柱になるので，四つの面で切るときは，アカ線の四角すいになる．
求める体積は，$6×6×6÷3=\mathbf{72}$

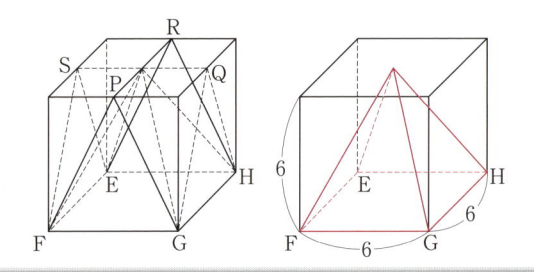

72-6

面 ABJI と面 DAIL で切ると左図のようになる．8 個の面で切ると，アカ線の八面体になる．
求める体積は，$6×6×3÷3×2=\mathbf{72}$

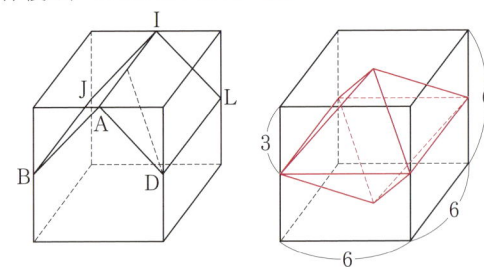

72-7

面 APQC と面 CRSA で切ると左図のようになる．4 つの面で切るとアカ線の四角すいになる．
求める体積は，$6×6÷2×6÷3=\mathbf{36}$

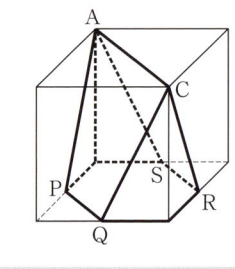

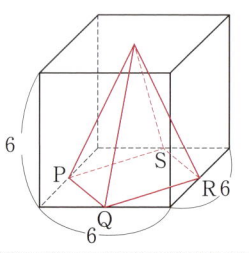

72-8

体積を求めるには，立方体の体積から，三角すい E-ABD と三角すい F-ABC の体積を引き，三角すい I-AJB を足す．
$6×6×6-6×6÷2×6÷3×2+6×6÷4×3÷3=\mathbf{153}$

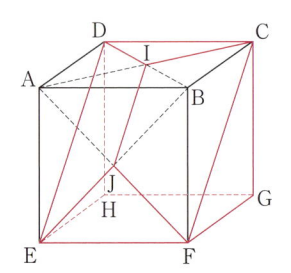

72-9

四角すい O-KLMN はもとの四角すいと相似で，体積はもとの四角すいの 8 分の 1，断頭三角柱 KLT-NMR はもとの四角すいの，
$\frac{1}{4}×\frac{①+①+①}{②+②+⓪}=\frac{3}{16}$（倍）
答えは，$\frac{1}{8}+\frac{3}{16}=\mathbf{\frac{5}{16}}$（倍）

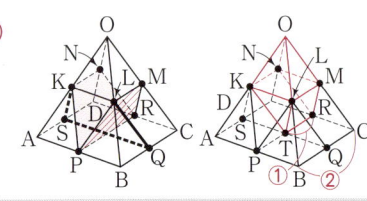

73-1 難易度 B
直方体の図．P，Q，R，S は辺の真ん中の点．三角柱 QGH-PFE と三角柱 BRC-ASD の共通部分の体積を求めよ．

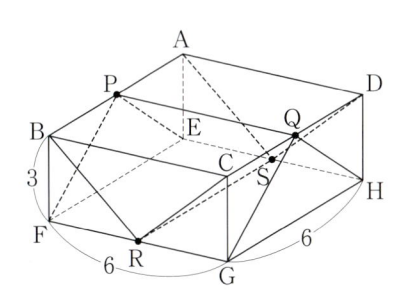

73-2 難易度 B
1辺の長さが6の立方体の図．4点 BDEG を頂点とする三角すいと4点 ACFH を頂点とする三角すいの共通部分の体積を求めよ．

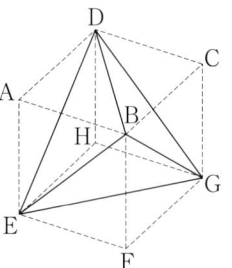

73-3 難易度 C
立方体の図．四角すい A-EFGH と四角すい C-EFGH の共通部分の体積は立方体の体積の何倍か．

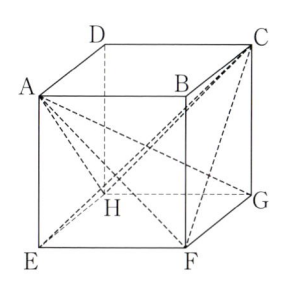

73-4 難易度 C
1辺の長さが6の立方体の図．M，N は辺の中点．四角すい M-EFGH と四角すい N-EFGH の共通部分の体積を求めよ．

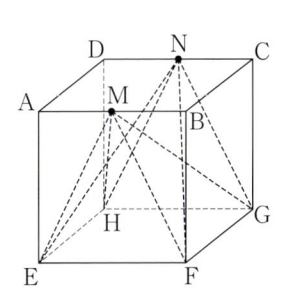

73-5 難易度 C
一辺が6の立方体．● は2等分点．四角柱 ABCD-EFGH と四角柱 AIEL-CJGK の重なる部分の体積を求めよ．

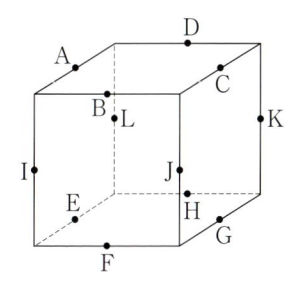

73-6 難易度 B
2つの三角柱の底面を右図のように置いたとき，共通部分の体積を求めよ．

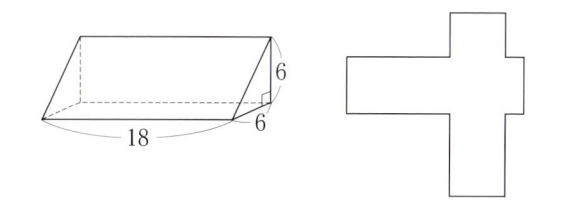

73-7 難易度 C
直方体の図．三角すい ABDI と三角すい EFHA の共通部分の体積を求めよ．

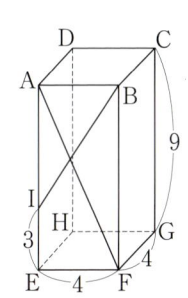

74-1 難易度 B
315個の立方体を図のように並べる．AB を結んだ直線は，何個の立方体を通るか．

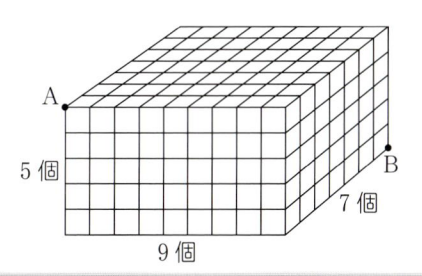

74-2 難易度 C
240個の立方体を図のように並べる．AB を結んだ直線は，何個の立方体を通るか．

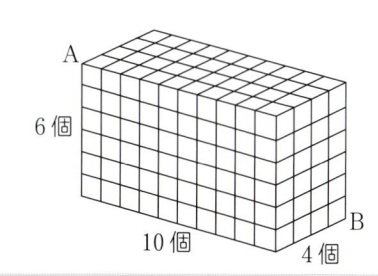

73-3

面 AFG と面 CEF の交線は，IF．
共通部分は，アカ線の四角すい I-EFGH
立方体の 1 辺の長さを 1 とすれば，求める体積は，

$$1 \times 1 \times \frac{1}{2} \div 3 = \frac{1}{6}$$

答は $\dfrac{1}{6}$（倍）

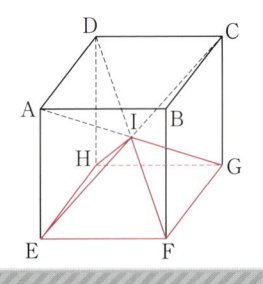

73-2

面 ACF と面 BDE の交線は図 1 のアカ線のようになる．対称性によって，共通部分は図 2 のアカ線の正八面体になる．求める体積は，$6 \times 6 \div 2 \times 3 \div 3 \times 2 = 36$

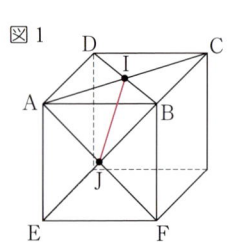

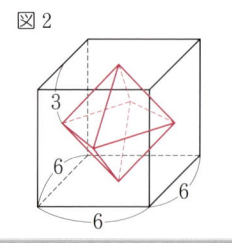

73-1

面 ABRS と面 PFGQ の交線は PR になる．
共通部分はアカ線の三角すい PQRS．
求める立体を AB 方向が高さの断頭三角柱と見て，

$$6 \times 3 \div 2 \times \frac{0+0+6}{3} = 18$$

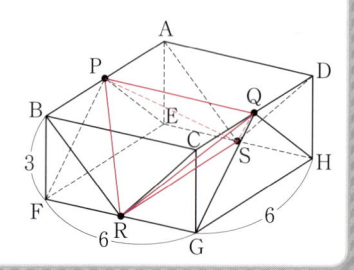

73-6

共通部分の底面は 1 辺の長さが 6 の正方形．共通部分の高さ 6 のところは 1 点．共通部分はアカ線の四角すい．
求める体積は，$6 \times 6 \times 6 \div 3 = 72$

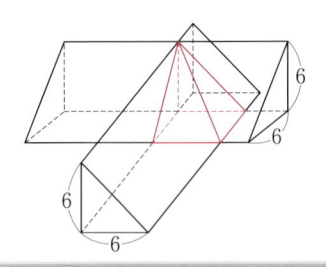

73-5

面 ABFE と面 AIJC の交線 AM．
共通部分はアカ線のように四角すい M-AEGC 2 つ分になる．
求める体積は，$6 \times 6 \times 3 \div 3 \times 2 = 72$

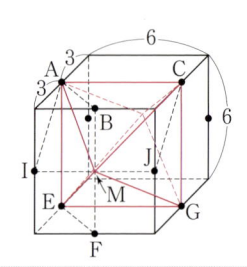

73-4

面 MGH と面 NEF の交線は IJ で，IJ=3．共通部分は，EF 方向を高さとしたアカ線の断頭三角柱 IFG-JEH．

求める体積は，$6 \times 3 \div 2 \times \dfrac{6+6+3}{3} = 45$

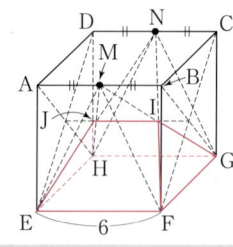

74-2

$6:10:4 = 3:5:2$
たてに 3 個，よこに 5 個，高さに 2 個並べた直方体では，3 と 5，5 と 2，3 と 2 はそれぞれ互いに素なので，
$(3-1)+(5-1)+(2-1)+1 = 8$ 個の立方体を通る．答えはこれの 2 倍で，$8 \times 2 = 16$（個）

74-1

5 と 9，5 と 7，7 と 9 はそれぞれ互いに素なので，
$(5-1)+(9-1)+(7-1)+1 = 19$（個）

73-7

AP:PF = 6:9 = 2:3

QR = PR = $4 \times \dfrac{2}{5} = 1.6$

共通部分はアカ線部で，三角形 AIP を底面とした三角すいとして見て，求める体積は，

$6 \times 1.6 \div 2 \times 1.6 \div 3 = 2.56$

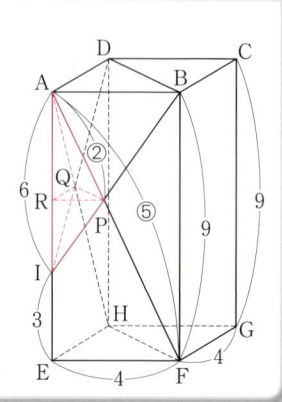

75-1 難易度 A

1辺の長さが9の立方体の各面が1辺の長さ3の正方形9個に分けられている．アカ網部の3ヶ所をそれぞれの面に垂直に反対の面までくり抜く．
この立体の表面積を求めよ．

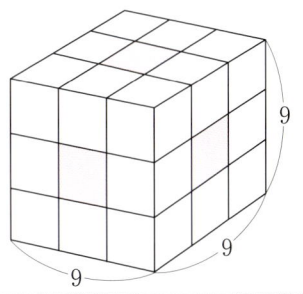

75-2 難易度 B

1辺が10の立方体から，底面が1辺6の正方形で高さが10の直方体と底面が半径3の円で高さ10の円柱を2方向からくり抜く．このときできる立体の体積と表面積を求めよ．

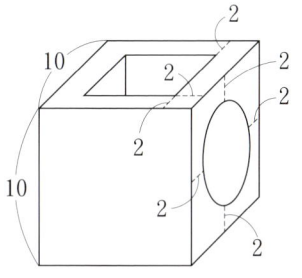

75-3 難易度 C

1辺が10の立方体から，底面が1辺6の正方形で高さが10の直方体を2方向から1回ずつくりぬく．このときできる立体の体積を求めよ．

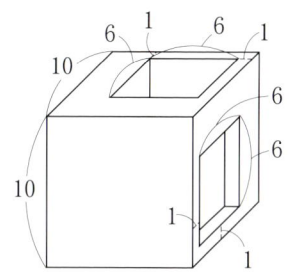

75-4 難易度 C

1辺が8の立方体から，図のアカ網部を向かい合う面まで取り除く．この立体の体積を求めよ．

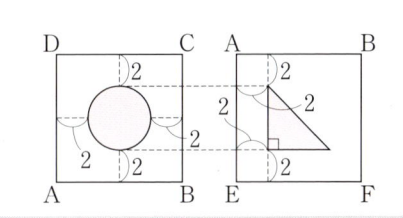

75-5 難易度 B

1辺が3の立方体から，図のアカ網部を向かい合う面まで取り除く．ひとつのマス目は1×1である．この立体の体積を求めよ．

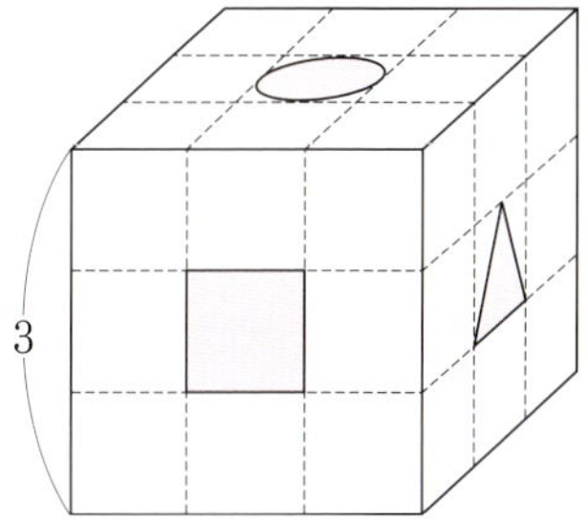

75-6 難易度 C

1辺が6の立方体からアカ網部を反対側まで同じ形になるようにくり抜いてできる立体の体積を求めよ．

図1：真正面   図2：真上

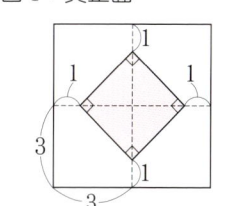

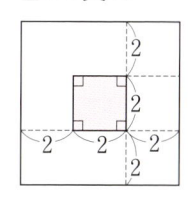

75-7 難易度 C

一辺が6の立方体．アカ網部の正方形を反対側までくり抜いたあと，ABCを通る面で切る．このときできる立体のうちDを含む立体の体積を求めよ．

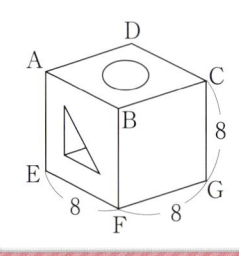

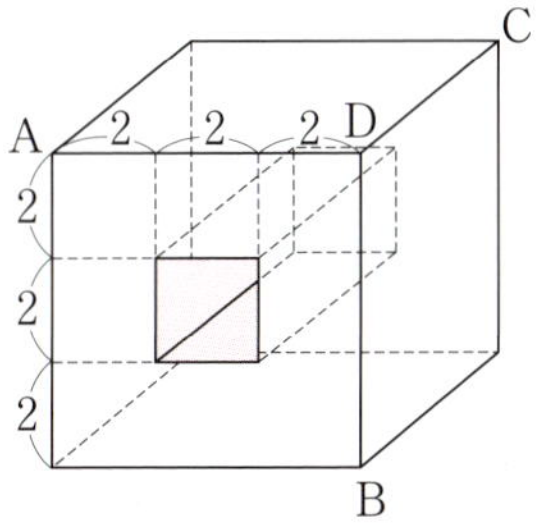

76-1 難易度 C

1辺が6の立方体から，図のアカ網部分を向かい合う面まで取り除く．ひとつのマス目は1×1である．この立体の体積と表面積を求めよ．

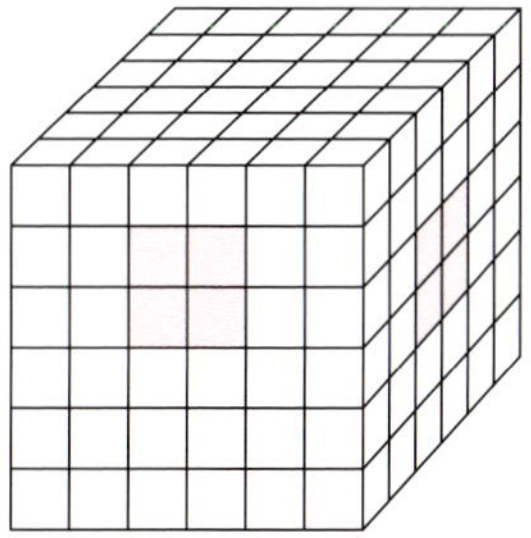

76-2 難易度 A

1辺が1の立方体を125個並べて立方体を作る．網目部を反対側までくり抜くとき，残った立体の体積と表面積を求めよ．

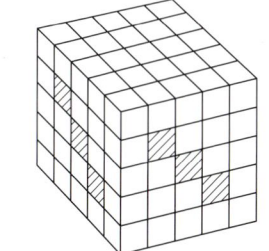

75-1

3×3の正方形が1つの面に8個.
図のように1つの面の穴の側面で4個
全部で，(8+4)×6＝72(個)
求める表面積は，3×3×72＝**648**

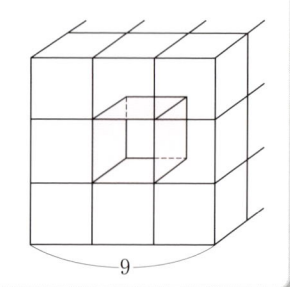

75-2

〔体積〕
$10\times10\times10-6\times6\times10-3\times3\times3.14\times(2+2)=$ **526.96**
〔表面積〕
$10\times10\times6-6\times6\times2+6\times10\times4$
$-3\times3\times3.14\times4+3\times2\times3.14\times(2+2)$ 
$=$ **730.32**

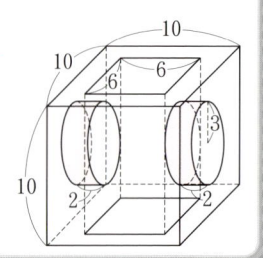

75-3

上から3と9の2か所で水平に切り，3段に分け，真上から見て図に表す．

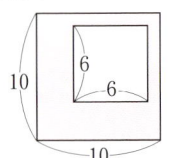

⑦ 上段と下段(高さの和4)　④ 中段(高さ6)

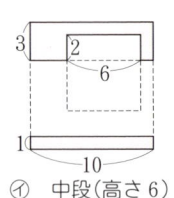

⑦の体積は$(10\times10-6\times6)\times4=256$
④の体積は$(3\times10-2\times6+1\times10)\times6=168$
答えは，$256+168=$ **424**

75-4

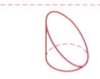

$8\times8\times8-4\times4\div2\times8-2\times2\times3.14\times8$
$+2\times2\times3.14\times4\div2$
$=$ **372.64**

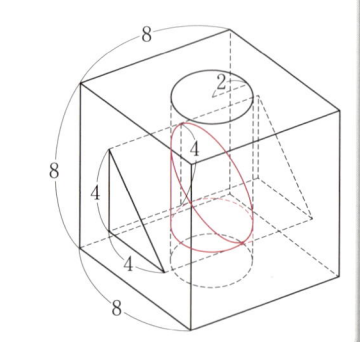

75-5

くり抜いた部分は図のようになる
$3\times3\times3-\{1\times1\times3+0.5\times0.5\times3.14\times(1+1)$ 
$+1\times1\div2\times(1+1)\}=$ **21.43**

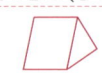

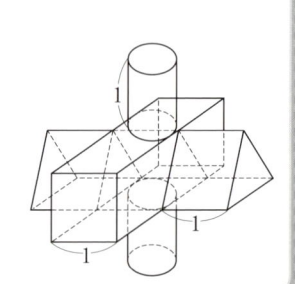

75-6

ア，イ，ウの柱体に分けて考える．
ア，ウの底面積は，$6\times6-4\times4\div2=28$
イの底面積は，$6\times6-6\times2-2\times1\div2\times2=22$
求める体積は，$28\times2\times2+22\times2=$ **156**

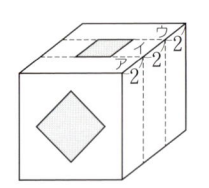

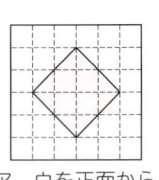

ア，ウを正面から見た図 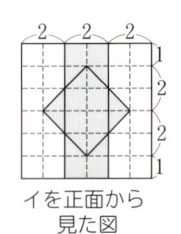　イを正面から見た図

75-7

三角すいD-ABCとアカい三角すいは相似であり，相似比は3：1．体積比は$3\times3\times3:1\times1\times1=27:1$
求める体積は，$6\times6\div2\times6\div3\times\dfrac{27-1}{27}=$ **$34\dfrac{2}{3}$**

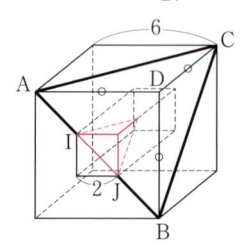

76-1

くり抜いた部分は右図のようになる 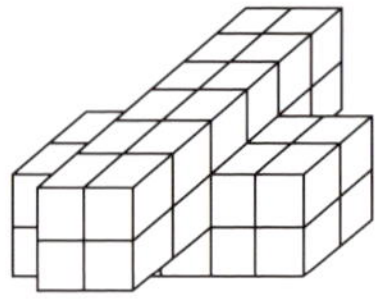
〔体積〕
$6\times6\times6-(2\times2\times6\times2-2\times2\times1)=$ **172**
〔表面積〕
$6\times6\times6-2\times2\times4+(10+10+20)\times2=$ **280**

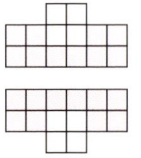

前後・左右の見え方 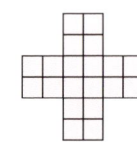　上下の見え方

76-2

上の段からスライスして，体積は，$25+16+16+16+25=$ **98**
表面積のうち，垂直な面の分は，$20+32+32+32+20=136$
たてにスライスすると，水平な面の面積は—と上下面を数えて，
$16\times2+22+20+22=96$
よって，表面積は，$136+96=$ **232**

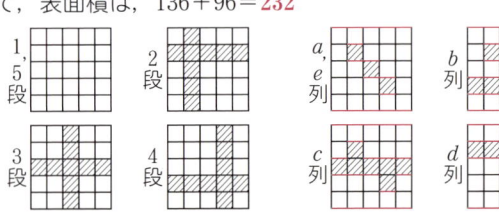

1, 5段　2段　3段　4段　a, e列　b列　c列　d列

76-3 難易度A

1辺が1の立方体を125個並べて立方体を作る．網目部を反対側までくり抜くとき，残った立体の体積と表面積を求めよ．

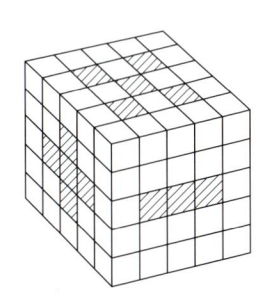

76-4 難易度D

1辺の長さ4の立方体でアカ網部を垂直にくり抜いてできる立体の三角形PQRでの断面積と三角形PQRの面積の比を求めよ．

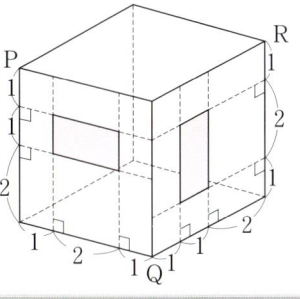

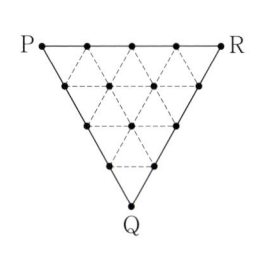

76-5 難易度A

立方体を23個積み上げた図．床についている面を除いた表面を色で塗る．3面を塗られた立方体，2面を塗られた立方体，1面を塗られた立方体はそれぞれ何個か．

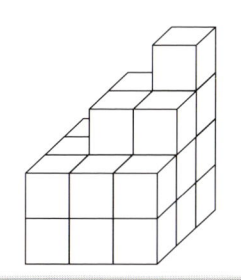

77-1 難易度B

立方体を64個積み上げた図．面ABCで切るとき，切られた立方体の個数を求めよ．

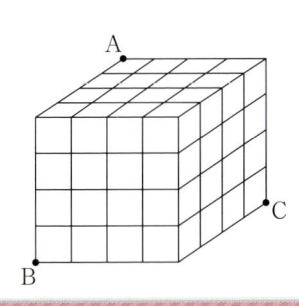

77-2 難易度C

立方体を64個積み上げた図．面ABCで切るとき，切られた立方体の個数を求めよ．

77-3 難易度C

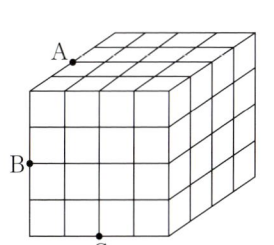

54個の立方体を並べた図．面ABCで切るとき，切られた立方体の個数を求めよ．

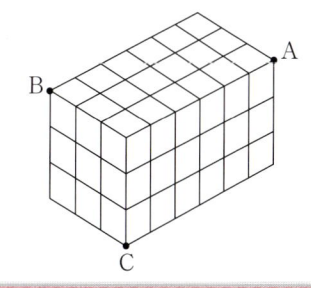

77-4 難易度C

立方体を36個積み上げた図．面ABCで切るとき，切られる立方体の個数を求めよ．

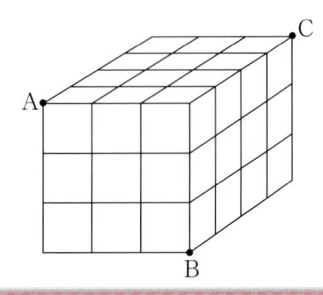

78-1 難易度C

1辺が10の立方体を4個くっつけた図形．面ABCで切るとき，Dを含む立体の体積を求めよ．

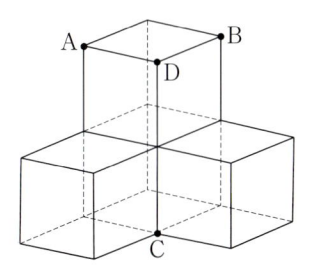

78-2 難易度B

立方体を5個並べた立体．●を通る面で切ったとき，上の立体と下の立体の体積比を求めよ．

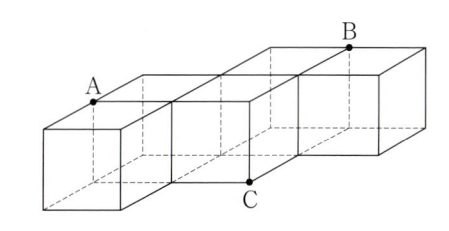

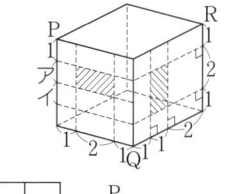

76-5

一番上の段から順に，色で塗られている面の個数を書き出していくと，下の図のようになる．

1段目: 5

2段目:
3	2
3	3

3段目:
3	1	2
2	0	1
3	2	3

4段目:
2	1	2
1	0	1
2	1	2

よって，答えは
3面…**6個**　　2面…**8個**　　1面…**6個**

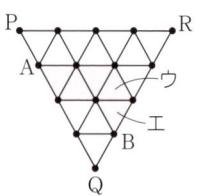

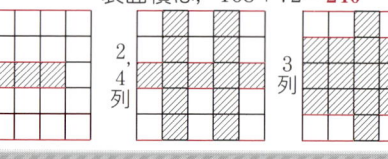

76-4

答えは **11：16**

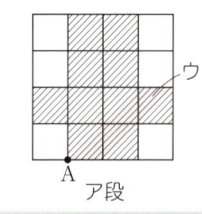

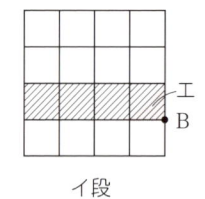

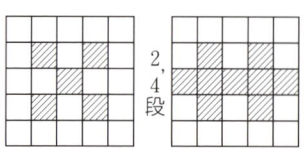

76-3

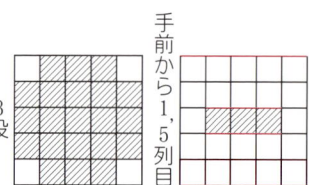

体積は，
$20+16+4+16+20=\mathbf{76}$

垂直な面の面積は，
$40\times 2+36\times 2+16=168$

水平な面の面積は―を数えて，
$16\times 2+12\times 2+16=72$

表面積は，$168+72=\mathbf{240}$

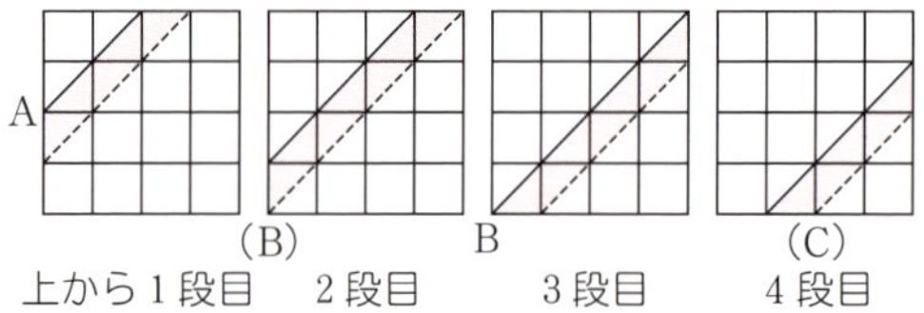

77-3

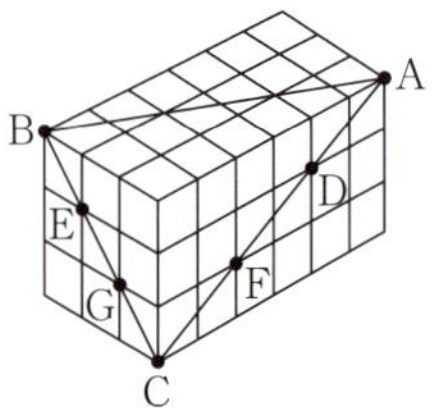

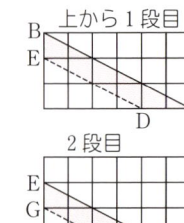

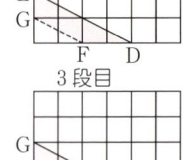

図から，切られた立方体（アカ網をつけたもの）の数は，
$10+6+2=\mathbf{18(個)}$

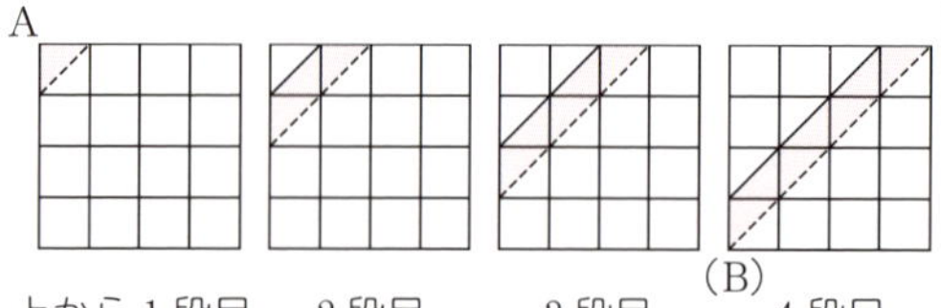

77-2

アカ網の三角形を数えて，
$5+7+7+5=\mathbf{24(個)}$

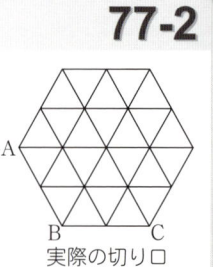

実際の切り口

77-1

アカ網の三角形を数えて，
$1+3+5+7=\mathbf{16(個)}$

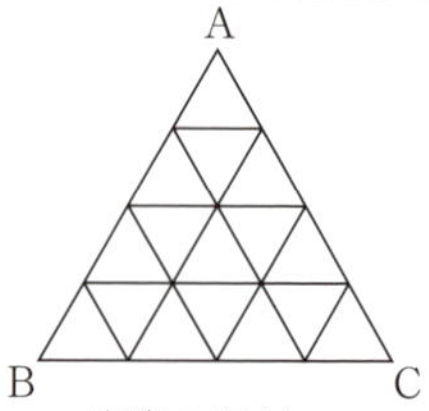

実際の切り口

78-2

一辺の長さが1のとき，アカ三角すいの体積は，
$1\times 1\div 2\times \frac{1}{2}\div 3=\frac{1}{12}$

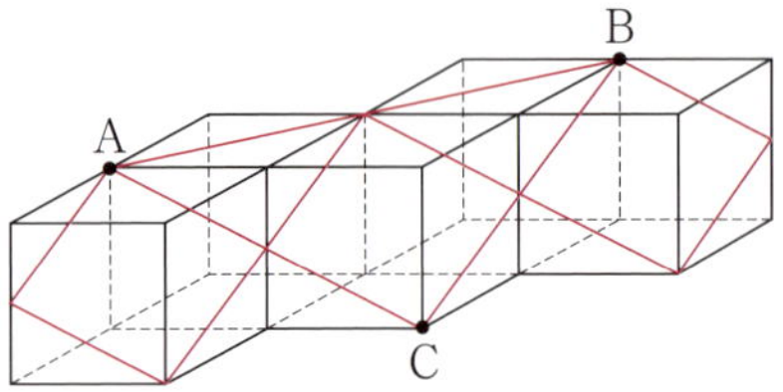

立方体の体積を12とすると，アカ三角すいは1．
求める比は
$(6+1+6+1+6):(6+11+6+11+6)=\mathbf{1:2}$

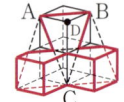

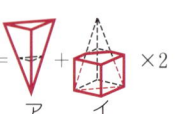

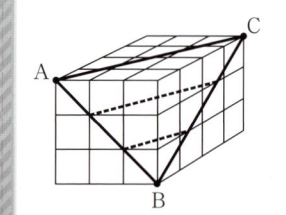

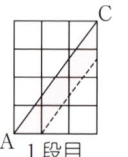

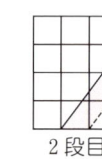

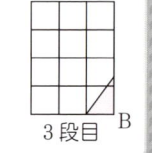

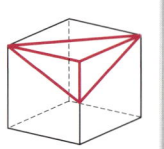

78-1

イは立方体から三角すい台を取り除いた立体

$\mathcal{P}=10\times 10\div 2\times 20\times \frac{1}{3}=\frac{1000}{3}$

$\mathcal{A}=10\times 10\times 10-\frac{1000}{3}\times \left(1-\frac{1}{2}\times \frac{1}{2}\times \frac{1}{2}\right)$

$=1000\times \left(1-\frac{1}{3}\times \frac{7}{8}\right)=1000\times \frac{17}{24}$

$\mathcal{P}+\mathcal{A}\times 2=1000\times \left(\frac{1}{3}+\frac{17}{24}\times 2\right)=1000\times \frac{21}{12}=\mathbf{1750}$

77-4

この図から，答えは，
$8+5+2=\mathbf{15(個)}$

78-3 難易度 C
立方体を5個並べた立体. ●を通る面で切ったとき, 上の立体と下の立体の体積比を求めよ.

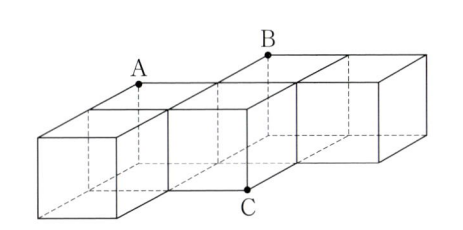

78-4 難易度 D
立方体を3個積み上げた図形. ●の3点を通る平面で切った切り口の面積は, 三角形ABCの面積の何倍か.

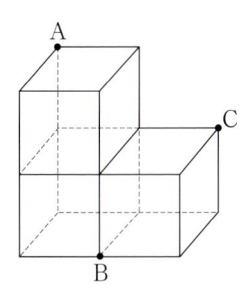

79-1 難易度 A
底面が半径2の円で, 高さが20のビンに水を入れて, 置き方を替えると, 水面の高さは, 図1で8, 図2で13である. ビンの容積を求めよ.

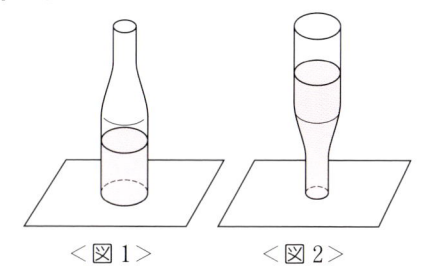

<図1>　　<図2>

79-2 難易度 A
大小2つの円柱を合わせて作った容器. 大きい円柱と小さい円柱の底面の半径の比は2:1. 右図の水の深さを求めよ.

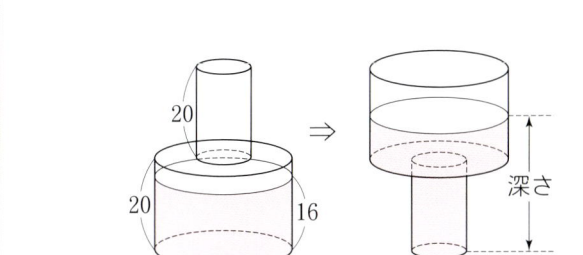

79-3 難易度 B
棒を容器の底に付くまで沈めると, 容器からあふれる水の量はいくらか.

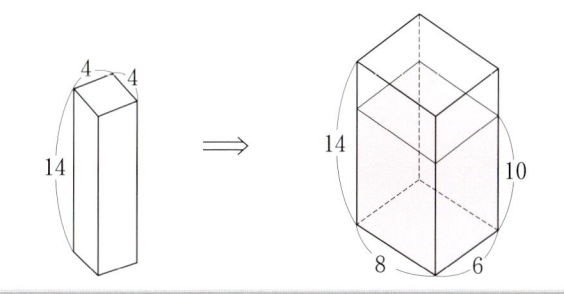

79-4 難易度 B
棒をどれくらいの長さ入れると水がいっぱいになるか.

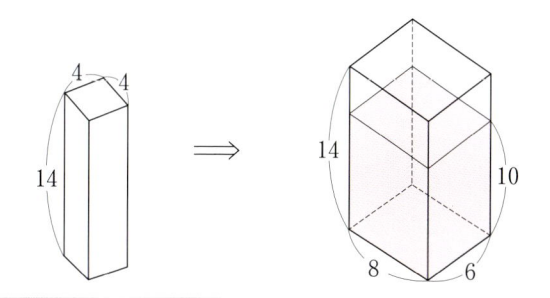

79-5 難易度 B
容器の底面積と水の量を求めよ.

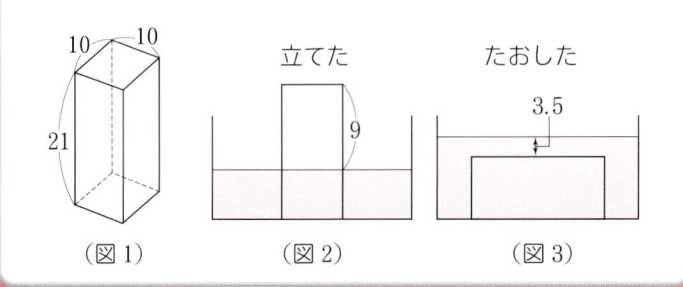

(図1)　(図2)　(図3)

79-6 難易度 C
水が入っている容器を図1～図3のように, 3通りに置いた. 図3の水の深さを求めよ.

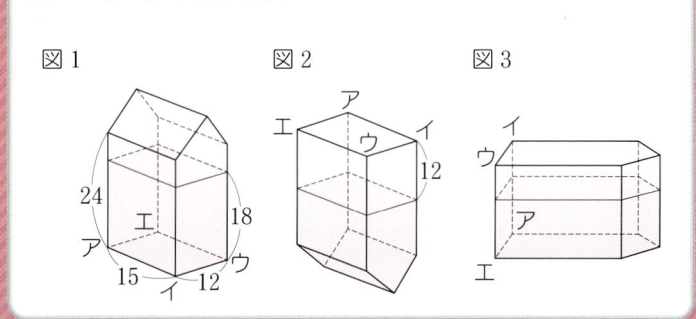

図1　図2　図3

79-7 難易度 C
ふたのない円柱状の容器A, Bがある. BをAの中に底まで入れるとき, Bの中に入った水の高さを求めよ.

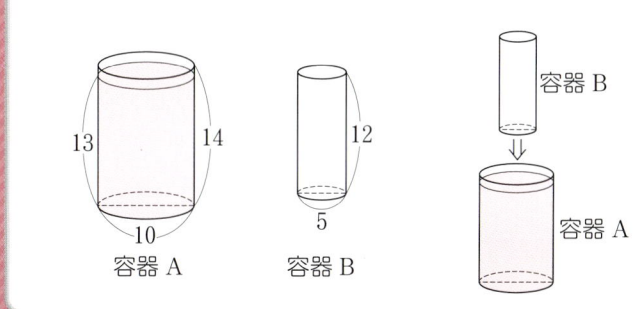

容器A　容器B

79-1

A = C，B = D
ビンの容積は，A+B=C+B に等しく，
$2 \times 2 \times 3.14 \times \{(20-13)+8\} = 60 \times 3.14 = 188.4$

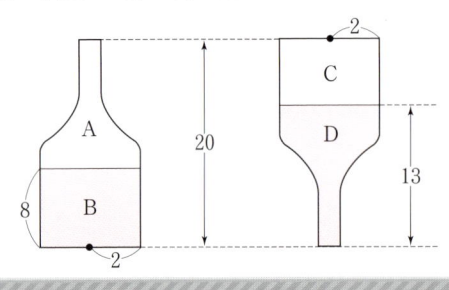

78-4

1辺6として考える

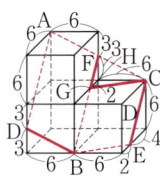

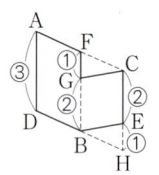

AC∥BD より D，AD∥CE より E を定める．F は AC の真ん中の点，G は BF と辺の交点．右図で平行四辺形 ADHC の面積を1とすると，切り口の面積は，$\dfrac{1}{2}+\dfrac{1}{2}\times\dfrac{2}{3}=\dfrac{5}{6}$

三角形 ABC の面積は $\dfrac{1}{2}$　答えは，$\dfrac{5}{6} \div \dfrac{1}{2} = 1\dfrac{2}{3}$ (倍)

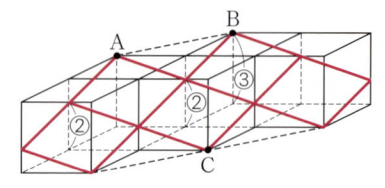

78-3

立方体の一辺の長さが1のとき，アカい立体は，
$1 \times 1 \times \dfrac{2}{3} \times \dfrac{1}{2} = \dfrac{1}{3}$

立方体の体積を3とすると，アカい立体の体積は1．
求める比は，$(2+1+2+1+2):(1+2+1+2+1) = 8:7$

79-4

棒を入れる前の容器の空のスペースと，棒が水の中に入る部分の体積が等しくなればよい．
求める長さを□とすると，
$4 \times 4 \times \square = 8 \times 6 \times (14-10)$
$\square = \dfrac{8 \times 6 \times 4}{4 \times 4} = 12$

79-3

(水の量) − (容器に入る水の量)
$= 8 \times 6 \times 10 - (8 \times 6 - 4 \times 4) \times 14 = 480 - 448 = 32$

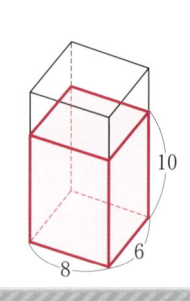

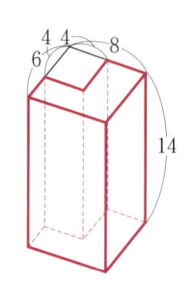

79-2

大きい円柱と小さい円柱の底面積の比は，$2 \times 2 : 1 \times 1 = 4 : 1$
水の移動は，下のように表せる．
㋐：20 は，底面積の逆比で 1：4
㋐ $= 20 \times \dfrac{1}{4} = 5$
㋑ $= 16 - 5 = 11$
答えは，$11 + 20 = 31$

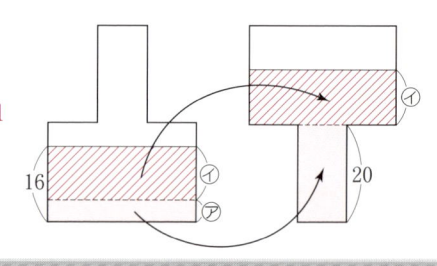

79-7

☆どうしの体積が等しいので，アとイの体積が等しい．
容器 A と B の底面積の比は，
$5 \times 5 : 2.5 \times 2.5 = 2 \times 2 : 1 \times 1 = 4 : 1$
求める高さを□とすると，
$4 \times 2 = 1 \times \square$　$\square = 8$

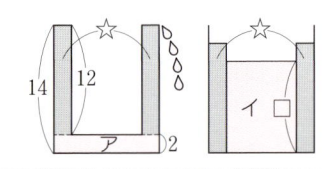

79-6

図1と図2より，水の体積と容器の中で水が入っていない部分の体積は，
$18 : 12 = 3 : 2$
よって，図3の水の深さは，
$15 \times \dfrac{3}{3+2} = 9$

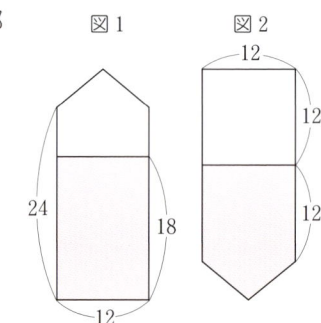

79-5

底面積を□とする．アとイの部分の体積が等しいので
$10 \times 10 \times 9 = \square \times (13.5 - 12)$　$\square = 10 \times 10 \times 9 \div 1.5 = 600$
水の体積は，図3より，$600 \times 13.5 - 10 \times 10 \times 21 = 6000$
〔別解〕図2より，$(600 - 10 \times 10) \times 12 = 6000$

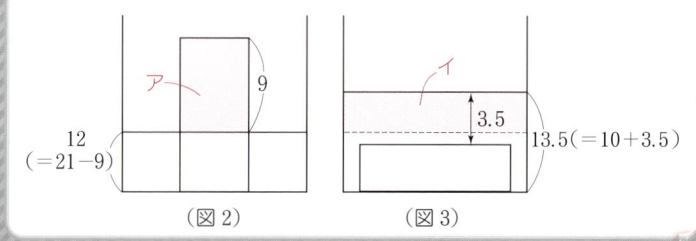

79-8 難易度 B

一定の割合で雨が降っている庭に，斜線部があいている2つの容器を置いた．（ア）の容器がいっぱいになったとき，（イ）の容器の水の高さを求めよ．

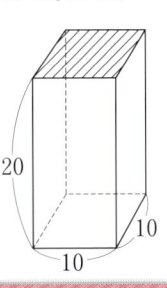

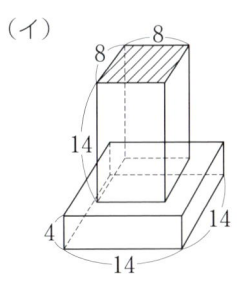

79-9 難易度 B

雨が真上から一面に降っている．左の直方体の容器が雨水でいっぱいになるのに60分かかる．ア，イの容器が雨水でいっぱいになるには何分かかるか．

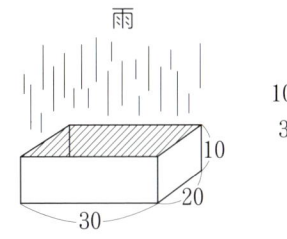

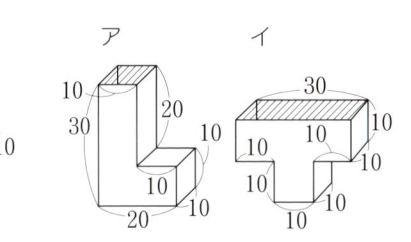

79-10 難易度 B

一定の割合で水を入れたときの水の高さのグラフ．54分で満水になる．A，B，Cの底面積の比を求めよ．

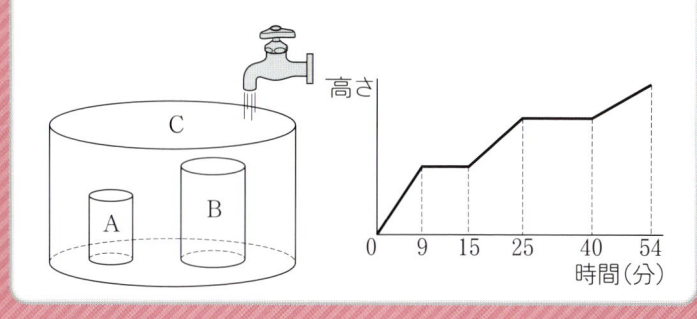

80-1 難易度 A

1辺が2の立方体をABを軸として1回転するとき，面CDFEが通る部分の体積を求めよ．

80-2 難易度 A

ABCD-EFGHは直方体．BFを軸として三角形AEFを三角形CGFの位置まで回転するとき，三角形AEFが回転してできる立体の体積を求めよ．

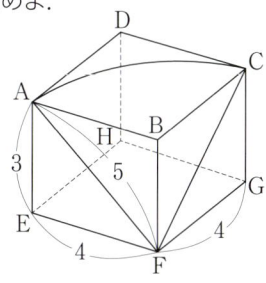

80-3 難易度 B

立方体ABCDEFGHを，辺FGまわりに90度回転し，次にCGのまわりに下へ90度回転する．立方体が通過する部分の体積を求めよ．

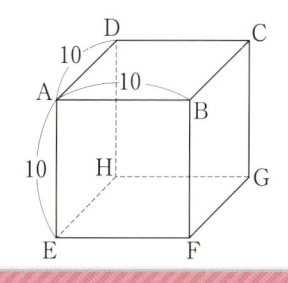

80-4 難易度 C

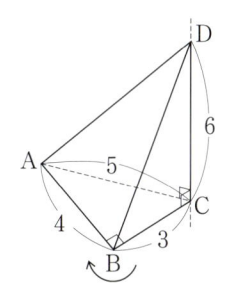

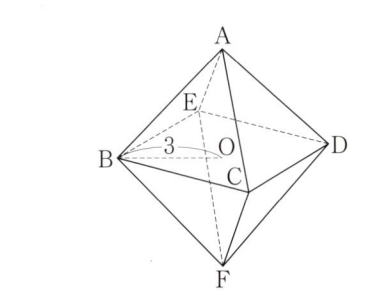

図の正八面体でAFを軸として三角形ABCを回転したときにできる立体の体積を求めよ．

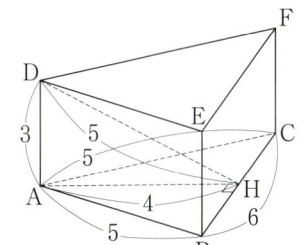

80-5 難易度 B

三角柱をADを軸にして1回転したとき長方形BCFEが通過してできる立体の体積を求めよ．

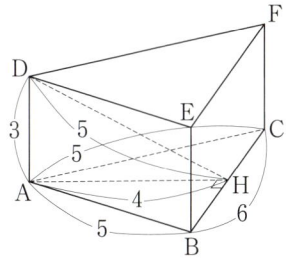

80-6 難易度 D

三角すいをDCを軸として90度回転したとき，三角形ABDの通過した部分の体積を求めよ．

79-10

水そうを正面から見た図. $x:y=$ア：イ$=9:(15-9)=3:2$
$(x+y):z=($ア＋イ＋ウ$):$エ$=25:(40-25)=5:3$
よって，$x:y:z=3:2:3$
求める底面積の比は，
$y:z:(x+y+z)=$ **2：3：8**

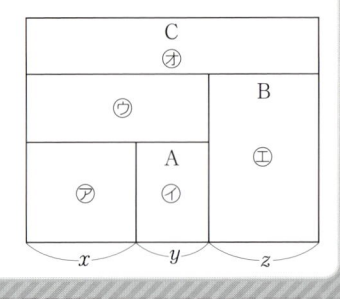

79-9

雨は一定の割合で降っているので，容器が柱体であれば，その底面の形，大きさに関係なく，一定時間にたまる水の深さは同じになる．
ア，イの体積を変えずに柱体にすると，アの高さは
$(10\times10\times30+10\times10\times10)\div(10\times10)=40$
イの高さは $(10\times30\times10+10\times10\times10)\div(10\times30)=\dfrac{40}{3}$
よって，アは，$60\times\dfrac{40}{10}=$**240（分）**
イは，$60\times\dfrac{40}{3}\div10=$**80（分）**

79-8

雨は一定の割合で降っているので，容器が柱体であれば，その底面の形，大きさに関係なく，一定時間にたまる水の深さは同じになる．
よって，（ア）がいっぱいになったときに，（イ）にたまった水の体積は，$8\times8\times20=1280$
すると，底面積の小さい方の直方体に入った水の高さが
$(1280-14\times14\times4)\div(8\times8)=7.75$
となるので，答えは，$4+7.75=$**11.75**

80-3

求める立体は，アカ網部分を底面とする高さ 10 の柱体 2 個と立方体 3 個からなる．
$□\times□\div2=10\times10$ より，$□\times□=200$
求める体積は，
$(□\times□\times3.14\div4-10\times10)\times10\times2+10\times10\times10\times3$
$=50\times3.14\times10\times2+10\times10\times10=$**4140**

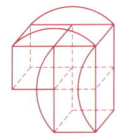

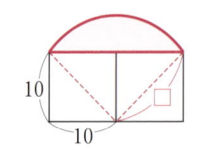

80-2

求める立体は，おうぎ形 EFG を底面とするおうぎ形柱 EFG-ABC から，おうぎ形 ABC を底面とするおうぎ形すい F-ABC を取り除いた立体．求める体積は，
$4\times4\times3.14\div4\times3-4\times4\times3.14\div4\times3\times\dfrac{1}{3}$
$=8\times3.14=$**25.12**

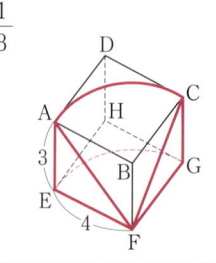

80-1

A を中心として対角線 CD を 1 回転させるときに，対角線 CD が通る部分を底面とする高さが 2 の柱になる．対角線 CD 上で，A から一番遠い点は C（D），一番近い点は，A から CD に引いた垂線と CD との交点 H なので，対角線 CD が通る部分は右図のアカ網部分になる． 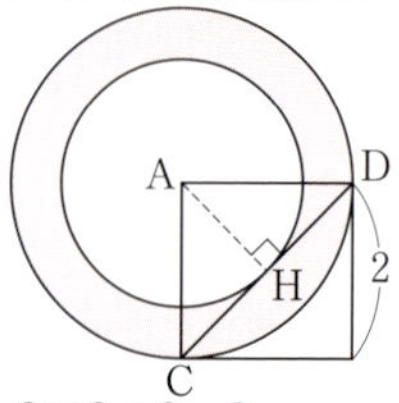
ここで，$AH\times AH=$（三角形 ACD の面積）$=2\times2\div2=2$
よって，アカ網部分の面積は，
$2\times2\times3.14-AH\times AH\times3.14=2\times3.14$
となるので，答えは，$2\times3.14\times2=4\times3.14=$**12.56**

80-6

AB が通過する部分は，右図のアカ網部．
求める立体は，アカ網部を底面とする高さ 6 のすい体．
求める体積は，
$(5\times5\times3.14-3\times3\times3.14)$
$\times\dfrac{1}{4}\times6\times\dfrac{1}{3}=$**25.12**

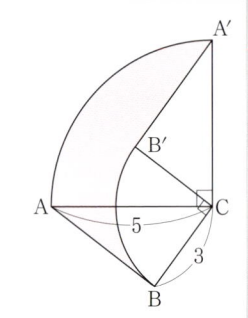

80-5

通過してできる立体は，点 A を中心に辺 BC を 1 回転したときに辺 BC が通過する部分を底面とし，高さが 3 の柱体．
辺 BC が通過する部分は，右図のアカ網部分．
よって求める体積は，
$(5\times5\times3.14-4\times4\times3.14)\times3$
$=$**84.78**

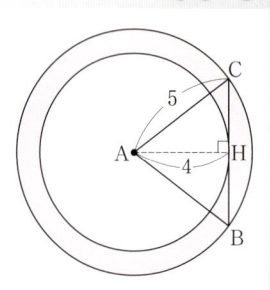

80-4

できる立体は，右図 2 のような円すいから円すいをくり抜いたものになる．
この立体の底面積は，右図 3 の網目部分の面積に等しくなる．
ここで，OM の長さを r とすると，三角形 OBC の面積の 2 倍に着目して，
$r\times(2\times r)=3\times3$ より，$r\times r=4.5$
アカ網部分の面積は，$3\times3\times3.14-r\times r\times3.14$
$=(9-4.5)\times3.14=4.5\times3.14$　したがって，
求める体積は，$4.5\times3.14\times3\div3=$**14.13**

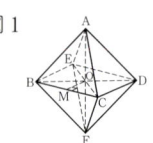

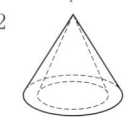

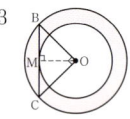

81-1 難易度 A

上底：下底＝3：4の台形．Pが台形の上底を動く．BP＋CPが最小となるとき，アカ網部と台形ABCPの面積比を求めよ．

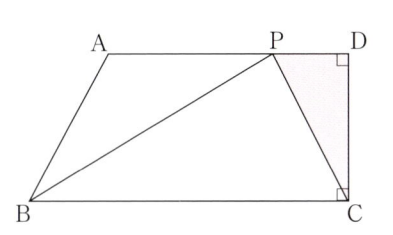

81-2 難易度 D

アの地点から出てOYのある点（イとする）にさわり，OX上のある点（ウとする）にいく．ア→イ→ウの道のりの最小値を求めよ．

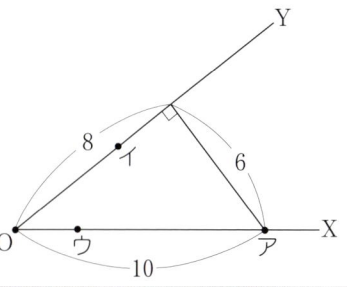

81-3 難易度 A

点Aから円すいの側面を最も短い道のりで1周する曲線で側面を2つの部分に分ける．大きい方の面積はいくらか．

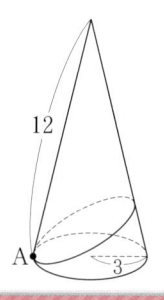

81-4 難易度 C

3つの側面が二等辺三角形の三角すい．AP＋PQ＋QR＋RBが最短になるとき，PQ：RBの比を求めよ．

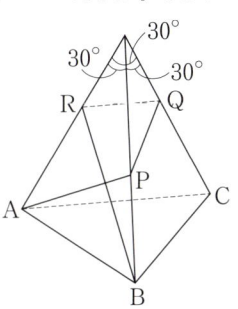

81-5 難易度 A

正四角すいに頂点A，Bを，辺上に点P，Qを図のようにとる．AP＋PQ＋QBの最小値を求めよ．

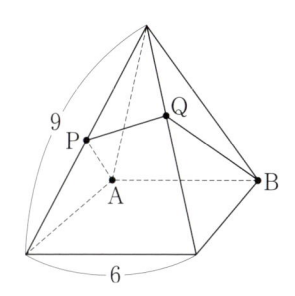

81-6 難易度 C

直方体の表面を通って，図のようにひもを1周させる．このとき，ひもの最短の長さを求めなさい．
ただし，3辺の長さが3：4：5の三角形は直角三角形である．

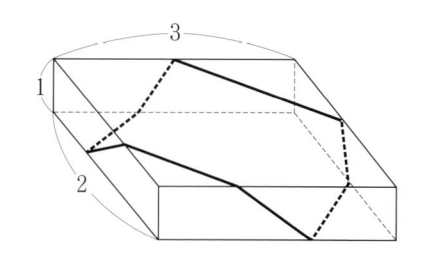

82-1 難易度 A

立方体からスミの三角すいを切り落とした立体．この立体の頂点の個数，辺の本数，面の個数を答えよ．

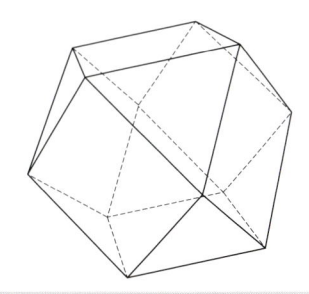

82-2 難易度 B

正八面体，正十二面体と正二十面体について，頂点の個数，辺の本数を答えよ．

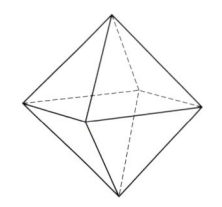

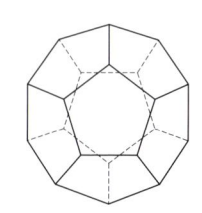

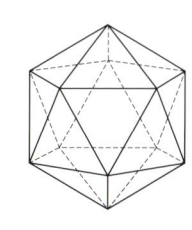

82-3 難易度 B

サッカーボールは，正二十面体の頂点から五角すいを切り落とした立体である．この立体の頂点の個数，辺の本数，面の個数を答えよ．

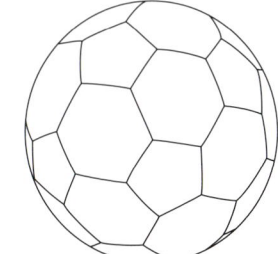

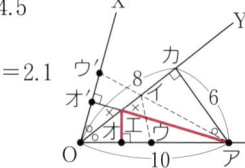

81-3

側面の展開図は，半径 12 の円の $\dfrac{3}{12}=\dfrac{1}{4}$

中心角は，$360°\times\dfrac{1}{4}=90°$

求める面積は，アカ網の直角二等辺三角形の面積で，

$12\times12\div2=72$

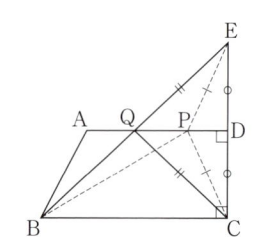

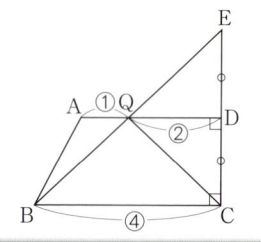

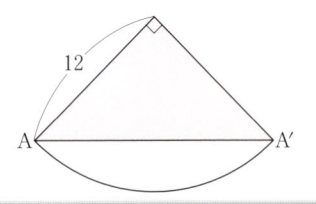

81-2

OX′ は OY を対称軸として OX を対称移動させた直線．アを通り OX′ と垂直な直線と OX′ との交点をオ′とする．
アオ′と OY の交点をエ，OY に関してオ′と対称な点をオとする．アイ＋イウが最小になるのは，イ＝エ，ウ＝オのとき，直角三角形 O アカとの相似を用いて，

$\text{アエ}=6\times\dfrac{10}{8}=7.5,\quad \text{カエ}=6\times\dfrac{6}{8}=4.5$

$\text{O エ}=8-4.5=3.5,\quad \text{エオ}=3.5\times\dfrac{6}{10}=2.1$

アイ＋イウの最小値は，
アエ＋エオ＝7.5＋2.1＝9.6

81-1

BE と AD の交点を Q とする．BP＋PC＝BP＋PE≧BQ＋QE より，P が Q に重なるとき，BP＋PC は最小．

△CDQ と台形 ABCQ の面積比は 2 : (1＋4)＝$2:5$

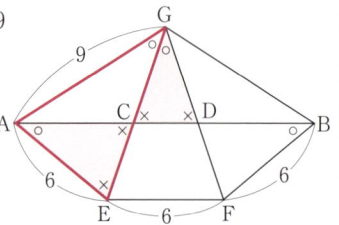

81-6

辺上の 1 点 A を固定して考える．展開図で A と重なる点を A′ とする．この図で太線 AA′ の長さを求めればよい．

㋐＝6
㋑＝8
となって，
3 : 4 : 5 の比から，
答えは
㋐$\times\dfrac{5}{3}=6\times\dfrac{5}{3}=10$

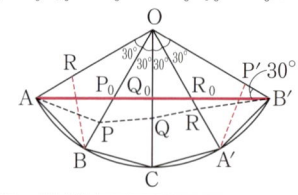

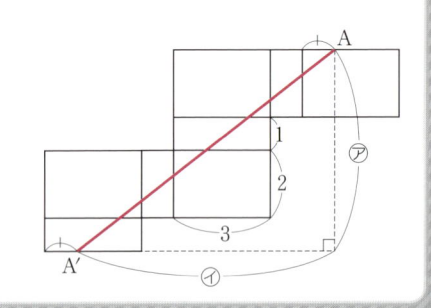

81-5

展開図で，AB と辺の交点を C，D とする．P＝C，Q＝D のとき最小となる．△AEC は二等辺三角形であり，AC＝AE＝6
△AEC と△GAE と△GCD の相似より，

EC : 6＝6 : 9 ∴ EC＝6×6÷9＝4
GC＝9－4＝5   CD : 5＝6 : 9

よって，CD＝5×6÷9＝$3\dfrac{1}{3}$

AB＝6＋$3\dfrac{1}{3}$＋6＝$15\dfrac{1}{3}$

81-4

AP，PQ，QR と RB が折れ線になるように，展開図に △OA′B′ を加える．AB′ と OB，OC，OA′ の交点をそれぞれ P_0，Q_0，R_0 とする．P＝P_0，Q＝Q_0，R＝R_0 のとき，折れ線の長さが最小になる．△OP_0R_0 は正三角形，△R_0OB′ は二等辺三角形なので，$P_0Q_0 : R_0B' = P_0Q_0 : R_0O = 1:2$

82-3

正二十面体では，頂点…12 個，辺…30 本，面…20 個
頂点の個数は 5 倍になり，12×5＝60(個)
辺の本数は，もとの本数に頂点の個数の 5 倍を足して，
30＋12×5＝90(本)

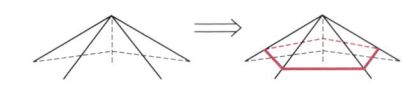

面の個数は，もとの個数に頂点の個数分だけ足して，
20＋12＝32(個)

82-2

	頂点の個数	辺の本数
正八面体	3×8÷4＝6(個)	3×8÷2＝12(本)
正十二面体	5×12÷3＝20(個)	5×12÷2＝30(本)
正二十面体	3×20÷5＝12(個)	3×20÷2＝30(本)

82-1

立方体では，
　　　頂点…8 個，辺…12 本，面…6 個
求める立体の頂点は，もとの立方体の辺の中点であり，個数は 12 個
辺の本数は，立方体の 1 頂点に関して 3 本できるので，
8×3＝24(本)
面の個数は，立方体の面の個数 6 に，立方体の頂点の個数を足して，6＋8＝14(個)

83-1 難易度 B
高さ3mの棒に5mの影ができる．60cmの段差があるとき，影の長さBFGHは何mか．

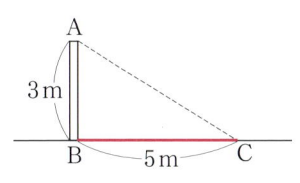

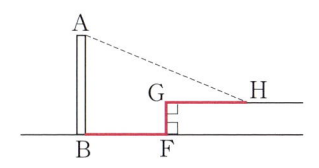

83-2 難易度 B
階段がないとき，棒の影の長さは8mである．段差も足踏み場も1mの階段が棒から1mはなれたところにあるとき，棒の影の長さを求めよ．

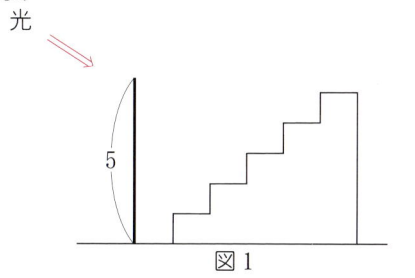

83-3 難易度 C
高さ4mの街灯がある．身長1.5mのA君が毎分50mの速さで歩いている．影の先端は毎分何mかを求めよ．

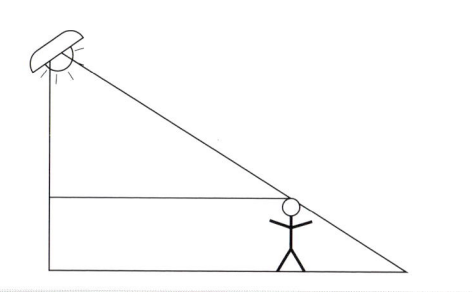

83-4 難易度 B
父と子が電灯の真下から同じ方向に同じ速度で歩いていく．子供が出発してから10秒後に父が出発する．父が出発してから何秒後に2人の影の長さが等しくなるか．

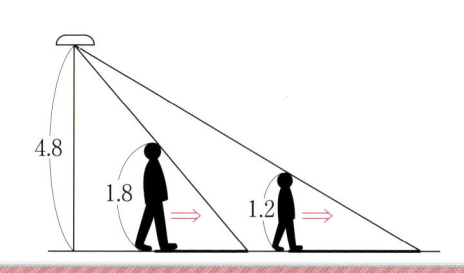

84-1 難易度 B
垂直に立てた長さ10の棒の影の長さが8になるとき，地面にできる円柱の影の面積を求めよ．

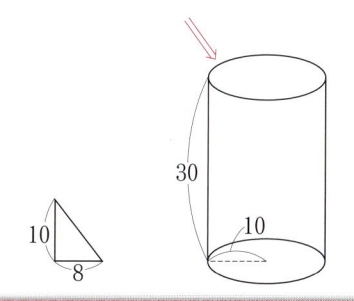

84-2 難易度 B
垂直に立てた5の棒が北側に影の長さ3の影を作るとき，四角柱と正四角すいを組み合わせた立体の影の面積はいくらか．

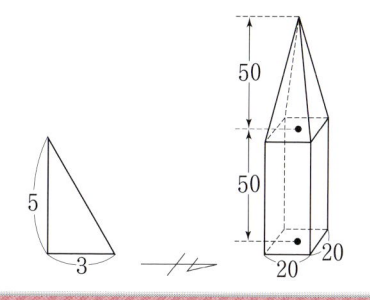

84-3 難易度 C
太陽を見上げる角度が45度のとき，地面に対して垂直な壁にできるこの立体の影の面積を求めよ．

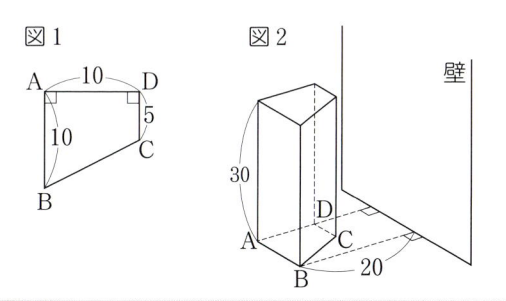

84-4 難易度 B
直方体と，直径が16の円を底面とする円柱に太陽光線があたって影ができたようす．円柱の高さを求めよ．

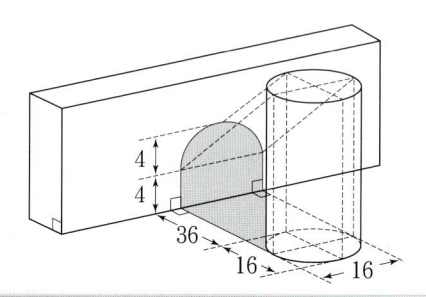

85-1 難易度 B
直径4の半円の円弧上にPをとる．PがBからAまで動くとき，APのまん中の点Mが動く道のりを求めよ．

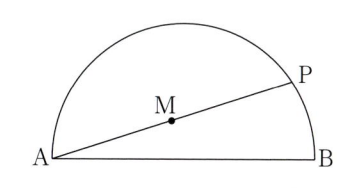

83-1

$BI+IH$ の長さを求めればよい.
$AI = 3 - 0.6 = 2.4$
$IH = 2.4 \times \dfrac{5}{3} = 4$
$BI + IH = 0.6 + 4 = \mathbf{4.6\,(m)}$

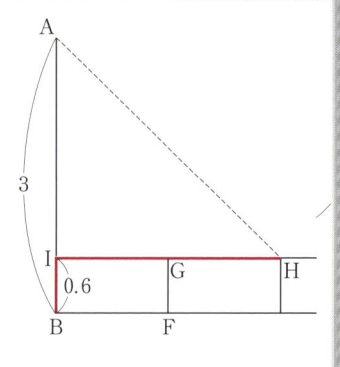

83-2

図のように，棒の先端の点Aの影が，高さで2mだけ下がったところにできる点をBとする.

図のアの長さは $2 \times \dfrac{8}{5} = 3\dfrac{1}{5}$ (m)

これは3m以上4m以下なので，確かに上の図のように，Aの影は3段目の足踏み場にある.
影の長さの合計は，×印の長さに加えて $\left(3\dfrac{1}{5} - 3\right) + 6 = \mathbf{6\dfrac{1}{5}\,(m)}$

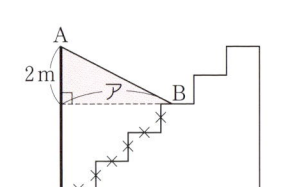

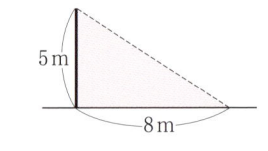

83-3

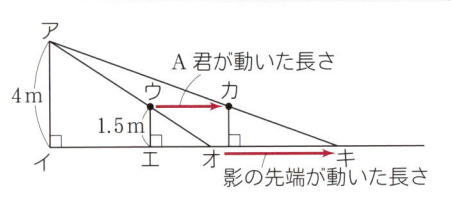

2つの三角形アイオとウエオの相似から，アオ:ウオ＝4:1.5＝8:3 よって，アオ:アウ＝8:5 さらに，アオキとアウカも相似なので，オキ:ウカ＝8:5 ここから，影の先端の動く速さは，A君の速さの $\dfrac{8}{5}$ 倍であり，毎分 $50 \times \dfrac{8}{5} = \mathbf{80\,(m)}$

83-4

1秒間に歩く距離を①とする.
子どもの10秒後の影アは，
$ア = ⑩ \times \dfrac{1.2}{4.8 - 1.2} = \left(\dfrac{10}{3}\right)$

子どもの影は，毎秒 $イ = ① \times \dfrac{4.8}{4.8 - 1.2} = \left(\dfrac{4}{3}\right)$

父の影は，毎秒 $ウ = ① \times \dfrac{4.8}{4.8 - 1.8} = \left(\dfrac{8}{5}\right)$ 長くなる.

よって，$\left(\dfrac{10}{3}\right) \div \left(\left(\dfrac{8}{5}\right) - \left(\dfrac{4}{3}\right)\right) = \dfrac{10}{3} \times \dfrac{15}{4} = \mathbf{12.5\,(秒)}$

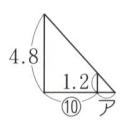

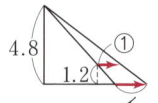

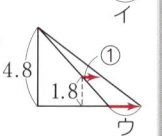

84-1

アの長さは，
$ア = 30 \times \dfrac{8}{10} = 24$

影の面積は，
$20 \times 24 = \mathbf{480}$

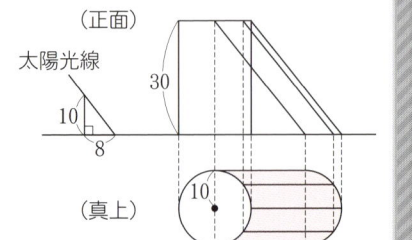

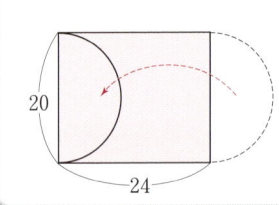

84-2

$ア = 100 \times \dfrac{30}{50} = 60$
$イ = 60 - 30 - 10 = 20$
影の面積は，
$20 \times 30 + 20 \times 20 \div 2 = \mathbf{800}$

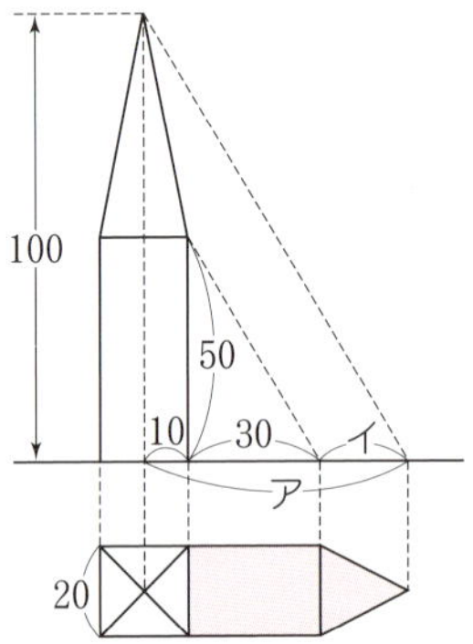

84-3

$ア = 30 - 10 - 10 = 10$, $イ = 10 + 10 = 20$
壁にできる影（右図）の面積は，$20 \times 10 - 5 \times 10 \div 2 = \mathbf{175}$

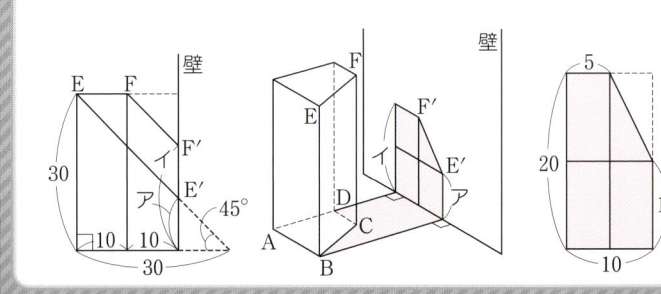

84-4

アは円柱の直径に等しく16
円柱の高さイは，
$イ = (16 + 36) \times \dfrac{8}{16} = \mathbf{26}$

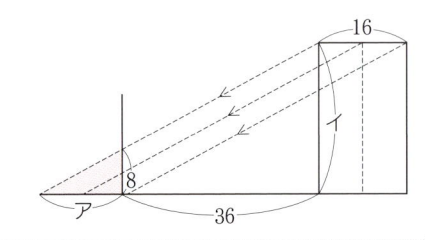

85-1

円の中心をO，AOのまん中の点をRとする.
$AM = MP$, $AR = RO$
なので，MRはPOと平行で，長さはPOの半分で1になる.
よって，Pが円弧上をBからAまで動くとき，Mは，中心R，半径1の半円周上を動く.
答えは，$1 \times 2 \times 3.14 \div 2 = \mathbf{3.14}$

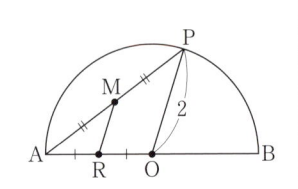

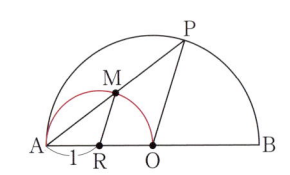

85-2 難易度 A

直径4の円周上にP, 直径AB上にQをとる. P, Qが動くとき, PQのまん中の点Mが動きうる部分の面積を求めよ.

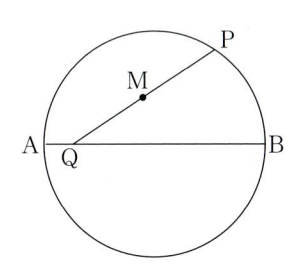

86-1 難易度 C

1辺が2の立方体の影の面積を求めよ.

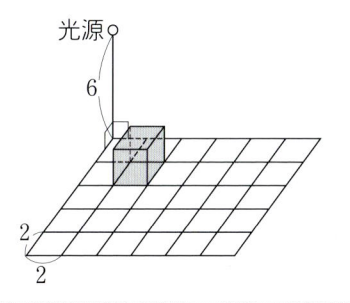

86-2 難易度 B

網目は垂直に立った長方形の壁である. 地面から6mの高さのところに光源Lがあるとき, 壁の影の面積を求めよ.

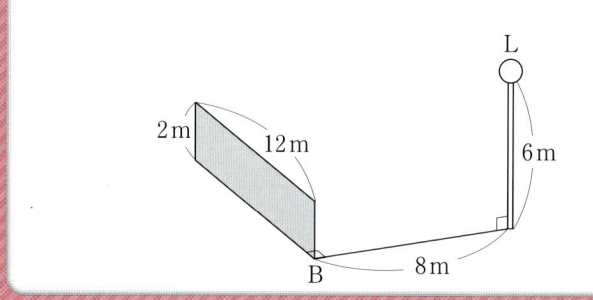

86-3 難易度 B

たて20m, よこ15mの土地が, 高さ2mのへいで囲まれている. 高さ3mの街灯によりできる影の面積を求めよ.

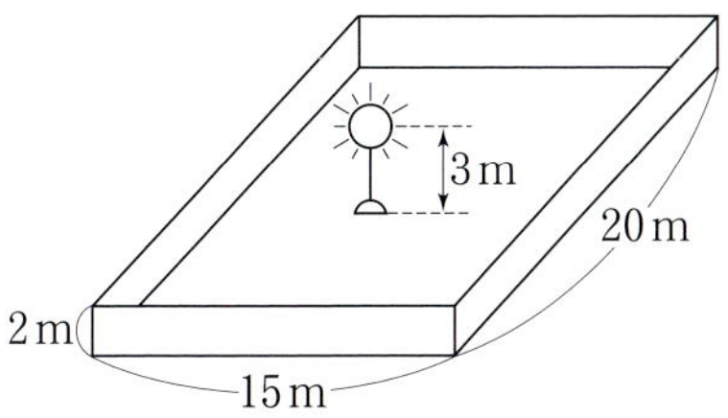

86-4 難易度 B

おうぎ形OABのABに沿ってかべを作る. Oの真上に電球Pをつけたとき, かべによって地面にできる影の部分の面積を求めよ. また, 光がさえぎられる部分の体積を求めよ.

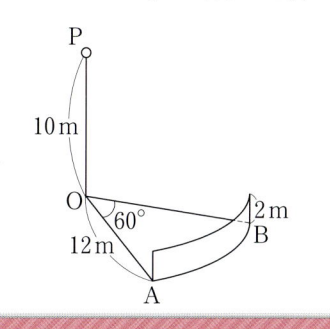

86-5 難易度 A

1辺の長さが2の立方体の筒を高さ6のPからつるす. Pに光源をおいたとき, 床にできる立方体の側面の影の面積を求めよ.

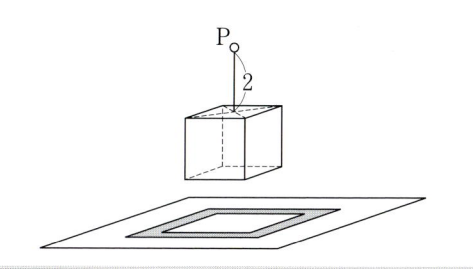

86-6 難易度 B

糸で1辺の長さが10の正方形をBCが水平になるようにつるす. 光源の高さが40, アの長さが20のとき, イの長さを求めよ.

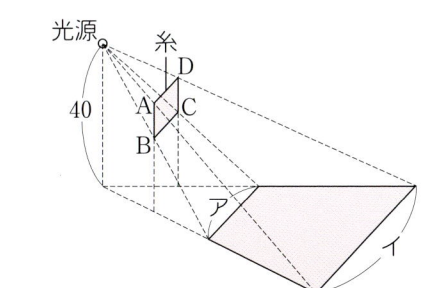

86-7 難易度 D

底面が1辺8の正方形で高さが10の直方体の上面に正方形の穴が開いている. 底面の中心の真上20のところPに光源がある. 直方体の内側の面で光が当たるところの面積を求めよ.

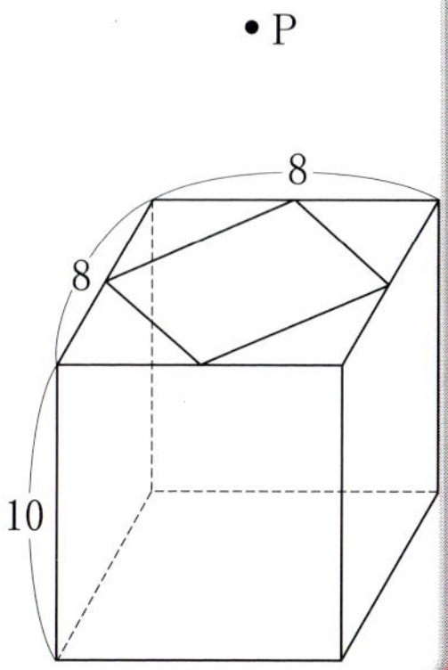

86-8 難易度 D

Pに光源をおくとき, 地面にできる立方体の影の面積を求めよ.

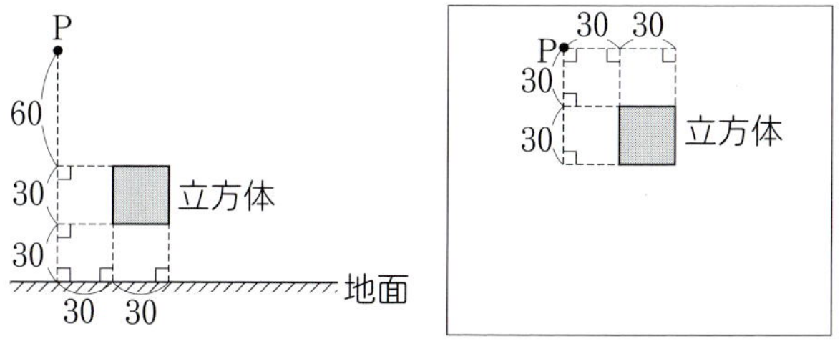

横から見た図　　真上から見た図

85-2

Qを固定して考える．OQの真ん中の点をSとする．
△OPQと△SMQの相似比は2：1．
よって，SM＝OP÷2＝2÷2＝1．
MはSを中心にして半径1の円上を動く．QがAからBまで動くとき，SはRからTまで動く．Mが動く範囲はアカ網部で，求める面積は，$1×1×3.14+2×2=7.14$

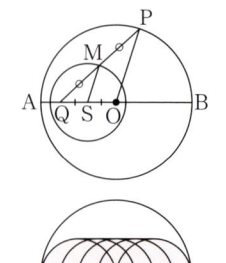

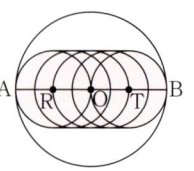

86-1

立方体の上面の影は，上面を光源を中心に$6÷(6-2)=1.5$（倍）の相似拡大した図形．
影の面積は，
$2×2×3-2×1÷2×2=10$

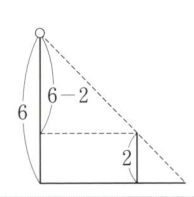

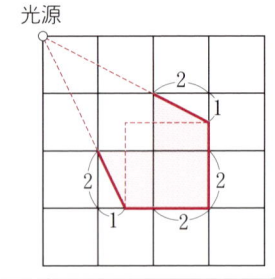

86-2

AB：AP＝2：6＝1：3より，ア＝$8÷(3-1)×1=4$（m）
イ：12＝6：（6－2）より，イ＝$12×6÷4=18$（m）
答えは，アカ網の台形の面積を求めて，
$(12+18)×4÷2=60$（m²）

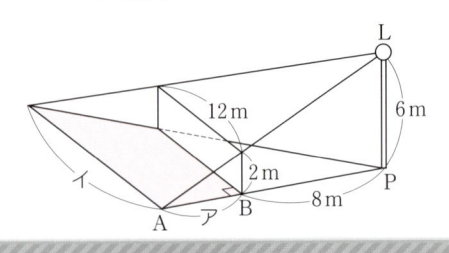

86-3

影の輪郭はへいのへりを光源を中心に，
$3÷(3-2)=3$（倍）した図形．
求める面積は，
$60×45-20×15=2400$（m²）

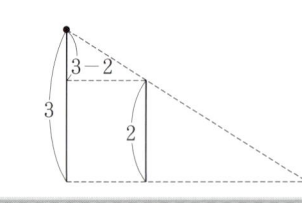

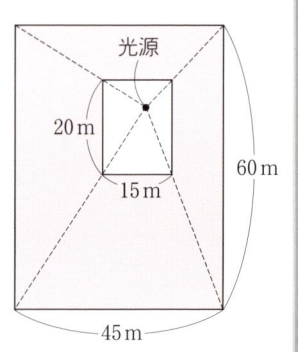

86-4

ア＝$12×\dfrac{10}{10-2}=15$（m）　影の面積は，
$(15×15×3.14-12×12×3.14)×\dfrac{60°}{360°}$
$=42.39$

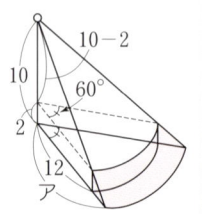

さえぎられる部分の体積は，
$15×15×3.14×\dfrac{1}{6}×10×\dfrac{1}{3}-12×12×3.14×\dfrac{1}{6}×8×\dfrac{1}{3}$  
$-12×12×3.14×\dfrac{1}{6}×2=40.82$

86-5

ア＝$2×\dfrac{6}{2}=6$，イ＝$2×\dfrac{6}{4}=3$
影の面積は，$6×6-3×3=27$

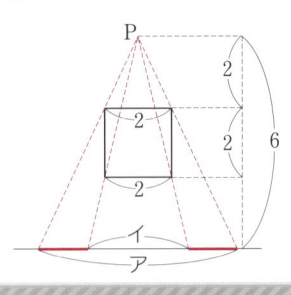

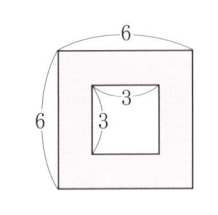

86-6

真上からの図．20：10＝2：1より，ウ：エ＝1：1
真横の図で，BE＝$40÷2=20$，
AE＝$20+10=30$
ウ：オ＝（40－30）：30＝1：3
真上の図で，
イ＝$10×\dfrac{1+3}{1}=40$

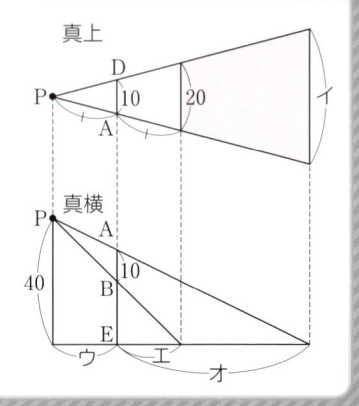

86-7

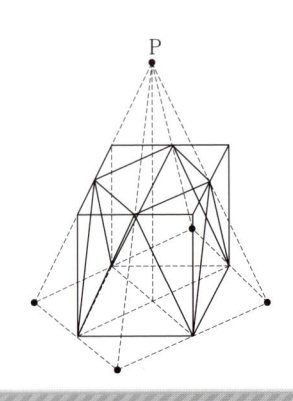

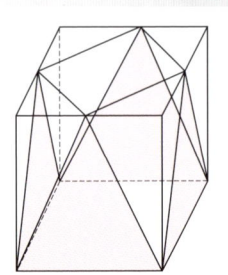

側面で光があたるのはアカ網部．求める面積は，
$8×8+10×8÷2×4=224$

86-8

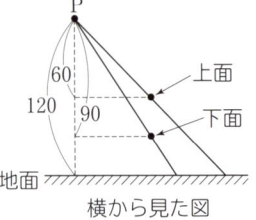

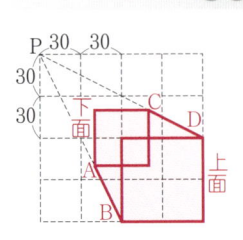

Pを中心にして，上面は，$120÷60=2$倍，下面は$120÷90=\dfrac{4}{3}$倍の相似拡大で影を作る．$\dfrac{4}{3}$倍から2倍の相似拡大を作るとAB，CDが影の輪郭になる．
面積は$40×40+60×60+40×20-20×20=5600$

86-9 難易度 C

A，B，P は机の上の点を表している．AB にはスクリーンが垂直に立っていて，アカ網の正方形には立方体が置かれている．P に光源をおいたときスクリーンにできる影の面積を求めよ．

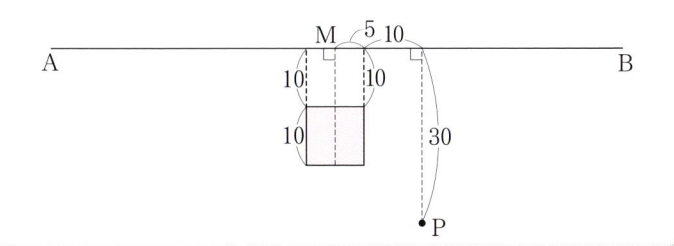

86-10 難易度 D

針金で作った立方体を机の上におく．立方体の Q に光源をおいたとき，1 辺の長さが 6 の立方体の箱 P の影ができる．Q の光が届かない部分の体積を求めよ．ただし，P の内部，机の下は含まないものとする．

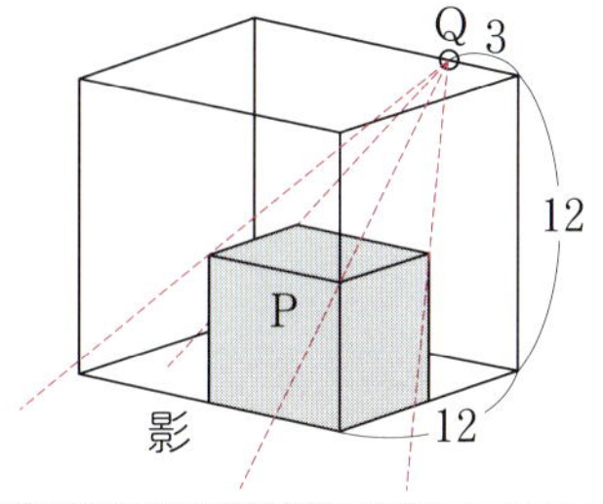

87-1 難易度 B

高さ 8 の水平な面に半径 2 の円形の穴が空けられている．点光源を図のように動かすとき，ステージ上で光があたる部分の面積を求めよ．

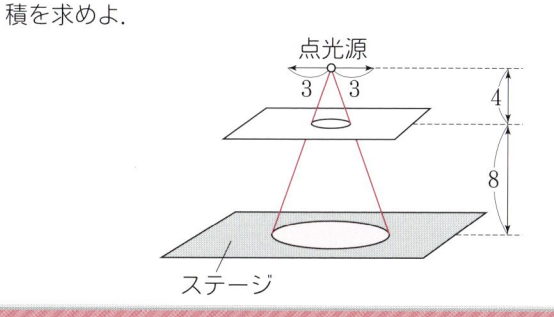

87-2 難易度 C

床に垂直に立てられた壁の A から B を光源が動く．立方体の影が通過する部分の面積を求めよ．ただし，立方体が床に接している部分も影に含めるものとする．

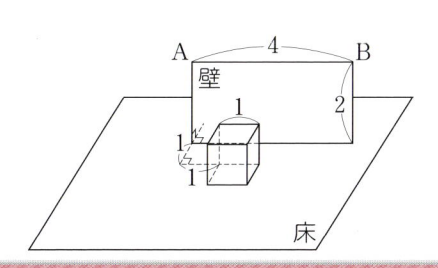

87-3 難易度 C

一辺が 6 の正方形に垂直に高さ 3 のスクリーンが立っている．高さ 1 の棒の影がスクリーンに収まるとき，正方形 ABCD 内で光源 P が動くことができる範囲の面積を求めよ．

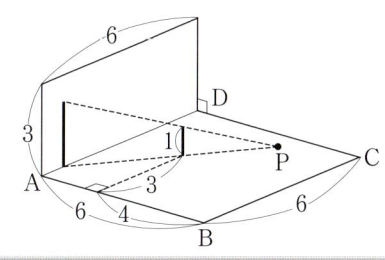

87-4 難易度 C

へい ABC で囲まれた直角三角形の土地がある．へいの高さが 2，AB が 6，BC が 8，CA が 10 である．へいの内側で高さ 3 の照明灯の位置を変えるとき，へいの影の通過範囲の面積を求めよ．

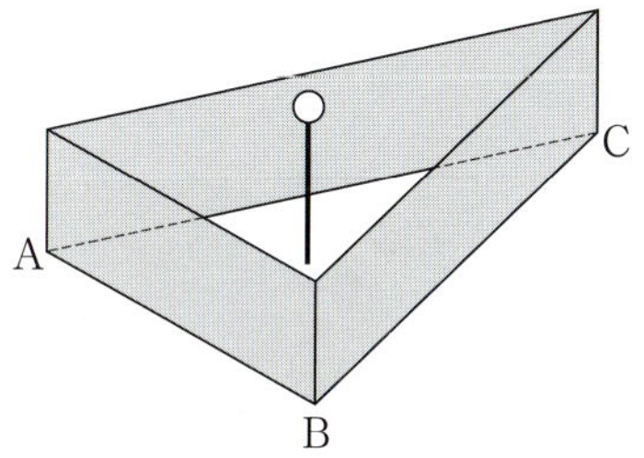

87-5 難易度 B

円柱の上側の面の円周上を棒が動くとき，電球 P による円柱の影ができる部分の面積は，円柱の底面積の何倍か．

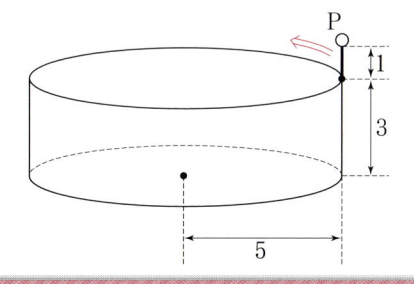

88-1 難易度 A

一辺が 1 の立方体を並べた図形．三角すい ABCD の体積を求めよ．

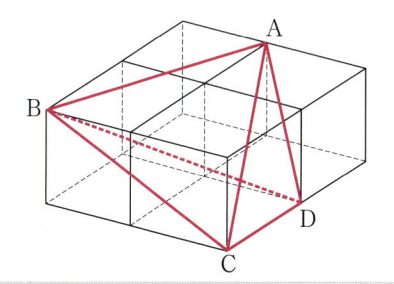

88-2 難易度 A

立方体の図．三角すい ABCD の体積を求めよ．

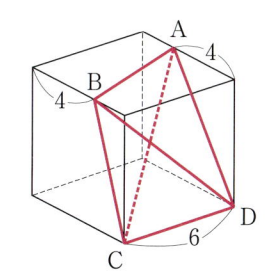

87-1

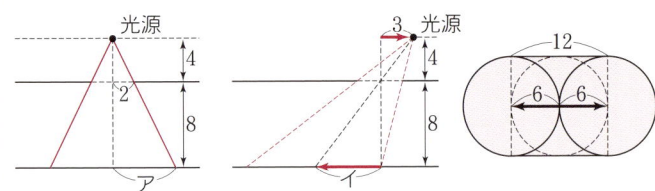

点光源を固定したとき，光があたる円の半径は
ア＝$2×\frac{4+8}{4}=6$. 光源が3動いたときの円の中心の移動距離
は，イ＝$3×\frac{8}{4}=6$. アカ網部の面積は，
$6×6×3.14÷2×2+(6×2)×12=$ **257.04**

86-10

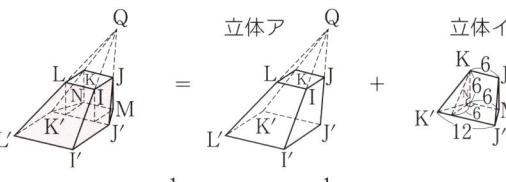

立体ア＝$12×12×12×\frac{1}{3}-6×6×6×\frac{1}{3}=504$

立体イ＝$6×6÷2×\frac{6+6+12}{3}=144$

立方体の内部は含めないので，答えは，
$504+144-6×6×6=$ **432**

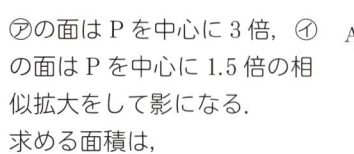

86-9

㋐の面はPを中心に3倍，㋑の面はPを中心に1.5倍の相似拡大をして影になる．
求める面積は，
$5×5×(3×3+6×6+3×3÷2)$
＝**1237.5**

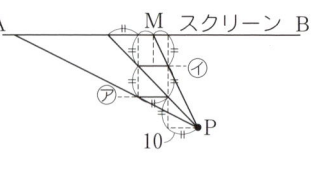

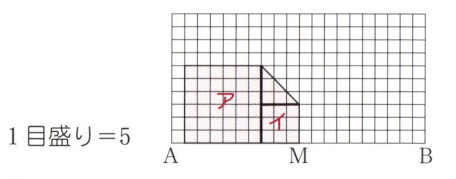

1目盛り＝5

87-4

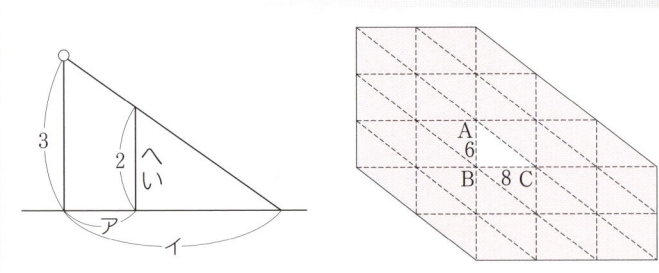

ア：イ＝(3−2)：3＝1：3なので，へいの上の辺の影は光源を中心に$3÷1=3$(倍)の相似拡大をした図になる．影の面積は，
$6×8÷2×36=$ **864**

87-3

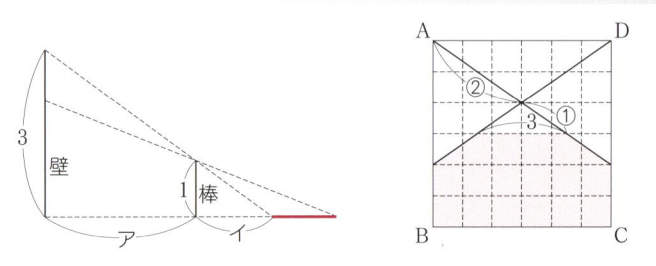

ア：イ＝2：1であり，影の長さが3以下のとき，光源は左図アカ線部にある．Pがある範囲は右図アカ網部で面積は，
$(3+6)×1÷2+2×6=$ **16.5**

87-2

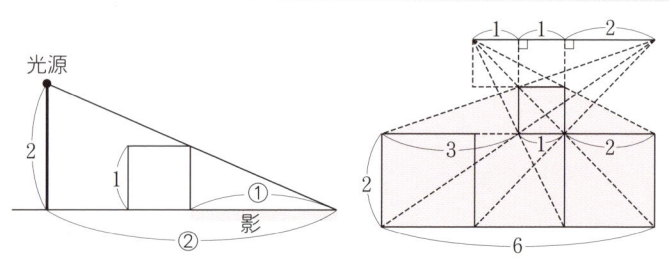

上面の影は，光源を中心に上面を$2÷(2-1)=2$(倍)の相似拡大をした図になる．求める面積は
$(1+6)×1÷2+2×6=$ **15.5**

88-2

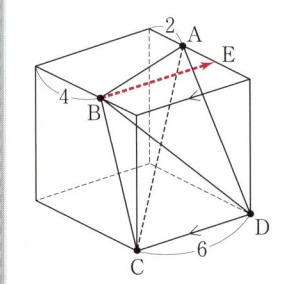

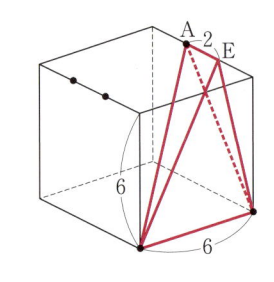

三角すいB-ACDの頂点BをEに動かしても，面ACDに対する高さは変らない．求める体積は，$2×6÷2×6÷3=$ **12**

88-1

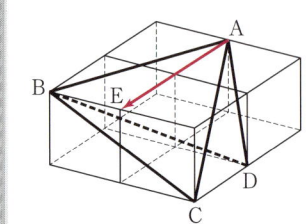

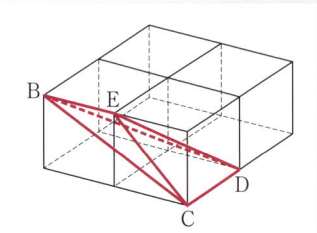

三角すいA-BCDで，頂点AをEに動かしても面BCDに対する高さは変わらない．三角すいA-BCDと三角すいE-BCDの体積は等しい．求める体積は，$1×1×\frac{1}{2}×1×\frac{1}{3}=\frac{1}{6}$

87-5

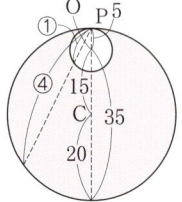

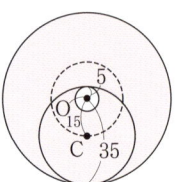

円柱の上面の影は，Pを中心に上面を$(3+1)÷1=4$倍の相似拡大をした図である．Pを止めたとき，左図のようになる．Pが円周上を動くとき，影の円の中心CはOを中心に半径$20-5=15$の円周上にある．答えは，
$(35×35-5×5)×3.14÷(5×5×3.14)=$ **48(倍)**